Synergetik und Marktprozesse

Wirtschaftswissenschaftliche Beiträge

Fortsetzung auf Seite 191

Reiner P. Hellbrück

Synergetik und Marktprozesse

Mit 32 Abbildungen

Physica-Verlag

Ein Unternehmen
des Springer-Verlags

Reihenherausgeber
Werner A. Müller

Autor
Dr. Reiner P. Hellbrück
Schwabentorring 4
D-7800 Freiburg/Br.

Für die Gewährung eines Druckkostenzuschusses danke ich recht herzlich
der Wissenschaftlichen Gesellschaft in Freiburg im Breisgau.

ISBN-13: 978-3-7908-0668-7   e-ISBN-13: 978-3-642-46936-7
DOI: 10.1007/978-3-642-46936-7

CIP-Titelaufnahme der Deutschen Bibliothek
Hellbrück, Reiner P.:
Synergetik und Marktprozesse / Reiner P. Hellbrück. –
Heidelberg : Physica-Verl., 1993
(Wirtschaftswissenschaftliche Beiträge; Bd. 78)

NE: GT

Für Beate, David und Simon

Vorwort

Die vorliegende Arbeit führt den Leser an ein neues Instrumentarium,
die Synergetik, heran. Neben der Synergetik baut der Beitrag auf betriebswirtschaftlichen und soziologischen Studien zur Ausbreitung von
Neuerungen bzw. von neuen Produkten auf. Im Gegensatz zu betriebswirtschaftlichen Beiträgen, wobei die Untersuchung meist aus der Sicht
eines Unternehmens erfolgt, wird hier versucht, den Marktprozeß als
solchen besser zu verstehen.

Erklärungsgegenstand ist die Ausbreitung von Innovationen auf
Märkten. Hierbei wird unter einer Innovation die wirtschaftliche Anwendung einer Neuerung verstanden. Da Neues ex definitione nicht
antizipierbar ist, macht die in den Wirtschaftswissenschaften so häufig
benutzte Annahme der "vollkommenen Information" keinen Sinn. Folglich wird die Entwicklung neuer Methoden und Modelle notwendig, um
die Ausbreitung von Innovationen auf Märkten besser zu verstehen.

Zur Erreichung des gesteckten Zieles wird als Instrumentarium die
Synergetik verwendet. Das Konsumentenverhalten wird über individuelle Übergangswahrscheinlichkeiten abgebildet. Diese Übergangswahrscheinlichkeiten werden mit Hilfe der behavioristischen Lerntheorie begründet. Der Übergang von der Mikro- zur Makroebene erfolgt mit
Hilfe der Mastergleichung. Um Wiederkaufverhalten abbilden zu können, ist eine entsprechende Erweiterung der Mastergleichung inclusive
approximativer Lösung dieser Gleichung nötig. In dem ersten Modell wird begründet, wie es zu "Nichtlinearitäten auf Märkten kommen
kann. Folge dieser "Nichtlinearitäten" sind Lock-Ins, die jedoch auch
endogen überwunden werden können. In den folgenden Kapiteln wird
dieses Grundmodell variiert.

Es ist mir eine liebe "Pflicht", meinen Dank all jenen Personen zu sagen, die zu dem Gelingen der vorliegenden Arbeit beigetragen haben. Zu allererst habe ich Herrn Prof. Dr. Ulrich Witt zu danken, der diese Arbeit überhaupt ermöglichte. Ohne seinen wohlwollenden Rat wäre ich sicher in mancher Sackgasse gelandet. Als Manager der ersten Tagungen des "Arbeitskreises Evolutorische Ökonomik", die ausnahmslos in Freiburg abgehalten wurden, servierte er mir zudem manchen interessanten Vortrag gratis. Die zum Teil heftigen Diskussionen mit meinem Freund und Kollegen Dipl.-Volkswirt Georg v. Wangenheim werde ich wohl so schnell nicht vergessen. Er besitzt einen so ausgeprägten Scharfsinn, daß ihm ein Fehler kaum entgeht. Aus diesem Grund sind gelegentlich heftige aber sehr fruchtbare Diskussionen mit ihm unvermeidlich. Wenn "Not am Kuang" war, dann war er immer zur Stelle, unser Local Guide Dipl.-Volkswirt Kuang Hua Lin. Als Computerexperte stand er häufig zur Seite, machte Vorschläge über nützliche Software und gab gelegentlich einen "Turbo-Einführungskurs" zur Anwendung einer Software.

Zu danken habe ich auch Herrn Prof. Dr. Manfred Streit, der mir ermöglichte, in einem schönen Seminar auf dem Schauinsland ein kleines Referat vorzutragen. Hier konnte ich das erste Mal vor einem größeren Publikum meine zarten Ansätze zur Diskussion stellen. Herrn Prof. Dr. Günter Hesse danke ich von Herzen für die Einladung zu dem "Heuß-Seminar" in Kirchschletten. In sehr angenehmer Atmosphäre diskutierten wir "Determinanten der langfristigen Entwicklung". Einige Ideen der vorliegenden Arbeit gehen direkt auf jene Diskussionen zurück. Für die schönen Diskussionen mit Dipl.-Volkswirt Matthias Leder und Dr. Wolfgang Kerber, sowie Ihre ermunternden Worte bedanke ich mich herzlich.

Die Hauptleidtragenden waren meine Frau Beate und Sohn David. Das gelegentliche Auf und Ab der Gemütslage eines mal hoffnungsfrohen, dann wieder in seiner Arbeit zurückgeworfenen Mannes, ist sicher nicht leicht zu ertragen. Ohne Ihre Unterstützung und die stets aufmunternden Worte meiner Schwester hätte die Arbeit sicher nicht geschrieben werden können.

Freiburg i. Br. im September 1992   Reiner P. Hellbrück

Inhaltsverzeichnis

Verzeichnis der Diagramme

Kapitel 1

Einführung

Was man nicht weiß, das eben brauchte man,
Und was man weiß, kann man nicht brauchen.
(*Goethe's* Faust)

1.1 Problemstellung

Wie kann die Ausbreitung von Neuerungen auf Märkten beschrieben
werden, ohne auf die restriktive Annahme der „vollkommenen Information" zurückzugreifen? Wie kann es zu Nichtlinearitäten auf Märkten kommen? Hierbei wird unter Nichtlinearität die Abbildung eines
Marktprozesses mit Hilfe einer oder mehrerer nichtlinearer Differential-
oder Differenzengleichungen verstanden. Welche Konsequenzen haben
Nichtlinearitäten auf einen Marktprozeß? Welche Konsequenz hat die
Verwendung der Satisficing-Hypothese in Marktmodellen? Diesen Fragen wird hier nachgegangen.

Im Mittelpunkt des Interesses steht der „Entstehungs- und Ausbreitungszusammenhang" von Neuerungen. In Anlehnung an *Witt* (1987,
S. 18) soll unter einer Neuerung„die Einführung einer zuvor zumindest im betrachteten Zusammenhang von einem Individuum oder einer Gruppe von Individuen nicht angewendeten Handlungsmöglichkeit"
verstanden werden. Die Unterscheidung in Entstehungs- und Ausbreitungszusammenhang wird gelegentlich an den Begriffen objektive vs.
subjekte Neuerung verdeutlicht (Vgl. *Witt* (1987, S. 19)). Im Ent-

stehungszusammenhang wird in einem räumlich, sachlich und zeitlich abgegrenzten Gebiet dann von einer objektiven Neuerung gesprochen, wenn die Neuerung allen Individuen, die in die Untersuchung einzubeziehen sind (incl. dem Betrachter), zuvor unbekannt gewesen ist. Andernfalls spricht man von subjektiver Neuerung, d.h. es gibt mindestens ein Individuum dem die Neuerung zuvor bekannt war. Im letzteren Fall spricht man von Ausbreitungszusammenhang.

Entstehungszusammenhang und Ausbreitungszusammenhang können nicht getrennt voneinander gesehen werden. Breitet sich eine Neuerung aus (Ausbreitungszusammenhang) so erscheint es reichlich vermessen im Verlauf des Ausbreitungsprozesses stets von ein und derselben Neuerung zu reden (Vgl. *Tellis* und *Crawford* (1981, S. 127); *Metcalfe* (1984, S. 111f); *Witt* (1987, S. 18)). Eine Neuerung wird im Verlauf ihrer Ausbreitung über Märkte einerseits durch Hersteller und andererseits durch Anwender abgewandelt. Anwender können auf die Hersteller Einfluß nehmen, um sie zu einer Abwandlung des bisherigen Produkts gemäß ihren Anliegen zu veranlassen. Gelegentlich werden Abwandlungen eines Produktes oder Produktionsprozesses als kontinuierliche Änderungen bezeichnet, wogegen das Auftreten eines (objektiv) neuen „Paradigmas" (in Form objektiv neuer Produkte und/oder objektiv neuer Produktionsprozesse) als diskontinuierlicher Prozeß aufgefaßt wird (*Dosi* (1984, S. 78)).[1]

Bevor der Aufbau der Arbeit vorgestellt wird, sind einige Bemerkungen zu dem verwendeten Instrumentarium, der Synergetik, angezeigt. *Weidlich* (1991, S. 2) charakterisiert die Synergetik folgendermaßen:

„Sie untersucht die universellen Gesetzmäßigkeiten von dy-

---

[1]Was die Prognostizierbarkeit von Marktprozessen anbelangt, werden unterschiedliche Standpunkte vertreten. *Sahal* (1981) wie auch *Dosi* (1988) z.B. argumentiert, daß Entwicklung vermittels Abwandlung bisheriger Produkte erfolgt und spricht von einer „Trajektorie" . Diese Trajektorie sei in Grenzen prognostizierbar. *Witt* (1989b, Kapitel III) hält auf Grund seines Wissenschaftsverständnisses dagegen, daß dies allenfalls ex post möglich ist. Demgemäß ist eine neue Handlungsmöglichkeit erst dann relevant, wenn sie ein gegebenes Problem löst.

„What actually emerges will grow out of the current context, but it cannot be theoreticaly constrained to take some particular path."

(*Witt* (1989b, Kapitel III)).

namischen Makrostrukturen, welche in Multikomponenten-systemen durch die Wechselwirkung zwischen deren Elementen entstehen."

Die „Multikomponenten" sind in sozialen Systemen die Individuen. Auf Marktebene, die in dieser Arbeit im Mittelpunkt des Interesses steht, werden traditionell zwei Klassen gebildet: Anbieter und Nachfrager. Die sich durch die Entscheidungen und Handlungen von Anbietern und Nachfragern entwickelnden Größen wie Absatzpreise, Absatzmenge, Güterqualität, bilden die „dynamischen Makrostrukturen". Diese „dynamischen Makrostrukturen" wirken wieder zurück auf den Entscheidungskalkül von Anbietern und Nachfragern. Wesentliches Merkmal der Synergetik ist somit die Verbindung von Mikro- und Makroebene.

Die Synergetik verbindet verschiedene analytische Instrumentarien miteinander. So wird die Theorie der stochastischen Prozesse von *Haken* (1983) mit Thom's Katastrophentheorie ebenso in Verbindung gebracht wie mit der „Chaostheorie". Neue Analysemethoden wurden entwickelt, um die Analyse zu vereinfachen (wie z.B. *Hakens* (1983) „Versklavungsprinzip"). Was erscheint angesichts der Vielzahl der Methoden, die die Synergetik in sich vereint, näher, als die Synergetik auf wirtschaftliche Probleme anzuwenden? Die Synergetik soll als Hilfsmittel dienen, um Hypothesen herzuleiten, die (hoffentlich) empirisch überprüfbar sind. Denn die Analyse empirischer Daten ohne wirtschaftstheoretische Fundierung nützt wenig.

„The analysis of actual data can tell little, if the analysis is not firmly supported by some well built economic theory."
Zhang (1991, S. 7)

Erste ökonomische und soziologische Anwendungen der Synergetik liegen vor. *Haken* (1983, S. 329-332) stellt ein synergetisches makroökonomisches Modell vor. *Weidlich* und *Haag* (1983) wendeten Synergetik auf soziologische Fragestellungen an. Ihr ökonomisches Synergetikmodell, die „Schumpeter-Uhr" (siehe *Weidlich* und *Haag* (1983, Kapitel 5)), ist ein kurzfristiges Konjunkturmodell. Dies sind die ersten Versuche einer formalen Darstellung evolutorischer Prozesse. Ihr größter

Wert liegt in der Darstellung und Übertragung neuer Methoden auf soziale Fragestellungen.[2][3]

Auf mikroökonomischer Ebene finden sich vermehrt Ansätze zur Anwendung synergetischer Modelle. *Erdmann* (1989) vergleicht das Vorgehen der Neoklassik mit dem der evolutorischen Ökonomik. Als Instrumentarium verwendet er die Ausdrücke und die Darstellungsweise der Synergetik. *Weise* (1990a, 1990b) fokussiert die Motivation menschlichen Verhaltens mit Hilfe von Synergetik. Synergetik erlaubt menschliches Verhalten als vollkommen autonom oder als vollkommen fremdbestimmt oder als eine Kombination von beiden abzubilden. Diese Vorstellungen werden hier aufgegriffen.

Es wird für die Anwendung der Synergetik in der Ökonomik plädiert. Es handelt sich hierbei nicht um eine simple Übertragung von Konzepten, die im Augenblick vor allem in der Physik Verwendung finden, sondern um ein sehr allgemeines Instrumentarium.[4] *Schlicht* (1985, S. 12f) weist darauf hin, daß das sogenannte Aggregationsproblem auch in der mikroökonomischen Analyse auftaucht. Durch die Vorgehensweise der Synergetik wird dieses Problem zumindest gemildert. Synergetik verbindet die Mikro- mit der Makroebene auf eine sehr elegante Art. Zwei Sichtweisen werden miteinander verbunden, Zufall und Notwendigkeit. Wesentliche „makroskopische" Daten entwickeln sich erst im Verlauf eines Marktprozesses und wirken vermittels individueller Entscheidungen auf den Marktprozeß zurück. Diese Rückkopplungen können durch das Instrumentarium der Synergetik abgebildet werden. Aus diesen Gründen kann Synergetik auch für diejenigen Ökonomen von Interesse sein, die die Vorgehensweise der Neoklassik, mit ihrem Bezug auf die Newtonsche Mechanik, attakiert haben.

---

[2]Einen guten, anschaulichen Einstieg in die Materie bietet bietet *Weise* (1990a).

[3]Auch *Zhang* (1991) verwendet die Synergetik zur Abbildung ökonomischer Systeme. Sein Ansatz steht der Neoklassik sehr nahe. So verzichtet er weder auf den vollkommen rationalen Homo Ökonomikus noch auf die Fiktion der vollkommenen Konkurrenz. Den zentralen Unterschied zwischen seinem Ansatz und der neoklassischen Theorie sieht er in einer Erklärung der Ursache der Komplexität ökonomischer Systeme. *Zhang* (1991, S. 2) führt die Komplexität ökonomischer Systeme auf Instabiltäten in nicht-linearen Systemen zurück, die Neoklassik nicht.

[4]In diesem Sinne äußert sich auch *Jantsch* (1982, S. 38f). *Fehl* (1983) versucht die Theorie dissipativer Strukturen für die Analyse ökonomischer Entwicklungsprozesse nutzbar zu machen.

Der methodologische Individualismus als Ausgangspunkt der ökonomischen Analyse erscheint bei Anwendung der Synergetik in einem neuen Licht. Die Ausrichtung am Gewinnmotiv mag zwar als Überlebensstrategie für Unternehmen nützlich sein, doch ist es möglich, daß die Orientierung am Gewinnmotiv durch Konkurrenzdruck erzwungen wird. Folglich handelt es sich möglicherweise vielmehr um eine Interdependenz der Motivation individuellen Handelns und der Rahmenbedingungen, unter denen ökonomisches Entscheiden und Handeln stattfindet (siehe *Alchian* (1950) und *Schlicht* (1985, S. 13))[5].

1.2 Aufbau der Arbeit

Eines der Hauptprobleme bei der Abbildung von Marktprozessen ist die Abbildung des Such- und Entscheidungsverhaltens der Nachfrager. Zur Abbildung des Such- und Entscheidungsverhaltens wird auf das Konzept der individuellen Übergangswahrscheinlichkeit zurückgegriffen. Die individuelle Übergangswahrscheinlichkeit gibt hierbei an, mit welcher Wahrscheinlichkeit ein Nachfrager von einer Handlungsalternative zu einer anderen wechselt. Die individuellen Übergangswahrscheinlichkeiten hängen hierbei von einer Vielzahl von Faktoren ab. Ohne den Anspruch auf Vollständigkeit erheben zu wollen noch zu können, werden in Kapitel 2 Faktoren aufgezeigt, die einen Einfluß auf die individuellen Übergangswahrscheinlichkeiten haben können.

Der Übergang von der individuellen Ebene zur makroskopischen Ebene erfolgt in Kapitel 3. Dies geschieht mit Hilfe der sogenannten Mastergleichung. Die Mastergleichung dient als Grundlage zur Herleitung einer approximativen Bewegungsgleichung für den Erwartungswert des Marktanteils eines Gutes. In den herkömmlichen Beiträgen zur Herleitung einer approximativen Bewegungsgleichung für den Erwartungswert einer interessierenden Größe wird vorausgesetzt, daß pro marginaler Zeiteinheit ein Individuum wechselt. In vorliegendem Zusammenhang erscheint diese Voraussetzung jedoch sehr unplausibel. Denn den folgenden Modellen unterliegt die Annahme, daß zu jedem Zeitpunkt alle Nachfrager genau eine Einheit eines Gutes nachfragen.[6]

---

[5]Diese Vorstellung kommt sicherlich auch *Eucken* (1968) sehr nahe.

[6]Mit anderen Worten wird Wiederkaufverhalten abgebildet.

Deshalb wurde der Ansatz der Gestalt erweitert, daß pro marginaler
Zeiteinheit mehr als ein Individuum von einem Gut zu einem anderen
wechseln kann.

In den nachfolgenden vier Kapiteln wird versucht, die zuvor entwickelten Konzepte nutzbringend anzuwenden. Denn was nutzt eine
Theorie, wenn gehaltvolle Aussagen nicht möglich sind? Hierbei steht
der Ausbreitungszusammenhang im Mittelpunkt des Interesses. Durch
die analytische Trennung in Entstehungs- und Ausbreitungszusammenhang wird versucht, das Zusammenspiel zwischen Bewertung einer Neuerung und der Suche nach neuem Wissen abzubilden (siehe auch *Pascha*
(1990, S. 99)). Welche neuen Einsichten werden hierdurch möglich?

In Kapitel 4 wird eine Möglichkeit aufgezeigt, wie es zu Nichtlinearitäten kommen kann. Es wird diskutiert, welchen Einfluß Nichtlinearitäten auf den qualitativen Verlauf von Diffusionsverläufen haben
können. Zudem wird deutlich, daß bei Vorliegen von Nichtlinearitäten
bestimmte unternehmerische Instrumentvariable mitunter weitgehend
wirkungslos bleiben. Ist es für einen Anbieter schwierig, aus einer bestimmten Marktposition, eine andere Marktposition zu erreichen, so
wird von Lock-In gesprochen (*Arthur* (1988, S. 10)). Die Folge hiervon
kann sein, daß der Marktanteil eines Gutes nicht die „wahre" Präferenz von Nachfragern für dieses Gut wiederspiegelt. Anders gewendet
können „inferiore" Güter einen unverhältnismäßig hohen Marktanteil
erobern.

In der Diffusionstheorie wird zwischen ein- und zweistufiger Kommunikation unterschieden. In Kapitel 5 wird eine Möglichkeit vorgestellt, wie zweistufige Kommunikation formal abgebildet werden kann.
Im Zentrum steht die Frage, ob ein Lock- In durch Meinungsführer oder
Diffusionsagenten überwunden werden kann.

In Kapitel 6 wird gezeigt, daß der empirisch häufig beobachtete
s-förmige Verlauf bei der Ausbreitung neuer Güter nicht notwendigerweise durch den Bandwagon-Effekt (*Leibenstein* (1950)) hervorgerufen
werden muß. Es werden Faktoren aufgezeigt, die auf den Diffusionsverlauf[7] einen Einfluß haben können.

In den Kapiteln 4 bis 6 ist die Anbieterzahl gegeben. In dem nach-

---

[7]Ein Diffusionsverlauf beschreibt die zeitliche Entwicklung der Übernehmerzah-
len (Anzahl der Adopter) (*Mahajan* und *Wind* (1986a, S. 4).

folgenden Kapitel 7 wird diese Annahme aufgehoben. Gefragt wird danach, wie sich die Konkurrenzsituation eines Anbieters einer bestimmten Produktkategorie im Verlauf eines Produktlebenszyklus ändert. Die wichtigsten Ergebnisse werden in dem abschließenden Kapitel 8 kurz zusammengefaßt. Rechenaufwand, der in Kapitel 5 als störend empfunden worden wäre, wurde in den Anhang A verbannt.

Kapitel 2

Determinanten der individuellen Übergangswahrscheinlichkeit

„(...), agents may sometimes maximize, but in other circumstances, their choices may be suboptimal, ..." (*Herrnstein* und *Prelec* (1990, S. 152))

2.1 Einleitung

Dreh- und Angelpunkt eines Marktprozesses müssen Informationsprozesse sein. Es wird hier argumentiert, daß Informationsprozesse mit Hilfe individueller Übergangswahrscheinlichkeiten abgebildet werden können. Von welchen Faktoren hängen individuelle Übergangswahrscheinlichkeiten ab? Wo liegen die Grenzen dieses Konzeptes? Diese Fragen stehen in diesem Kapitel im Mittelpunkt des Interesses.

Durch die Verwendung von individuellen Übergangswahrscheinlichkeiten sollen individuelle Lernprozesse abgebildet werden. Lernen ist eine Veränderung im Verhalten oder im Verhaltenspotential eines Menschen hinsichtlich einer bestimmten Situation, die auf wiederholte Erfahrungen des Menschen in dieser Situation zurückgeht.[1] Diese Defini-

---

[1] Diese Definition wurde in Anlehnung an *Bower* und *Hilgard* (1983, S. 31) gewählt.

tion erscheint aus folgenden Gründen sinnvoll:

a) Durch den Zusatz „Erfahrung" soll eine Abgrenzung gegenüber der traditionellen mikroökonomischen Theorie erfolgen, die Änderungen im Verhalten auf eine Änderung des Entscheidungskalküls eines rational handelnden Individuums zurückführt. Doch die Änderung des Verhaltens wird dort im Rahmen eines statischen Modells erklärt. Verhaltenswissenschaftliche Erkenntnisse fließen (i.d.R.) nicht ein. Dagegen soll „Erfahrung" auf einen Prozeß der Informationsaufnahme, - verarbeitung und -speicherung hinweisen, der Verhalten maßgeblich beeinflußt.

b) Nicht nur das gegenwärtig an den Tag gelegte Verhalten ist von Interesse, sondern auch Änderungen in den Fähigkeiten, dem Verhaltenspotential. So ist zu erwarten, daß sich Änderungen des Erfahrungswissens oder des Innovationspotentials eines Unternehmens nicht sofort in verändertem, beobachtbarem Verhalten niederschlägt.

Im Bereich der psychologischen Lerntheorien haben sich zwei große Richtungen herausgebildet: die kognitven Lerntheorien und die sogenannten (klassischen) Konditionierungslehren. Durch die klassischen Konditionierungslehren wird Lernen mit geringer kognitiver Beteiligung[2] abgebildet. Bei den kognitiven Lerntheorien — der Name deutet es schon an — steht das Lernen bei hoher kognitiver Beteiligung im Mittelpunkt des Intesses. Zunächst wird auf die klassischen Konditionierungslehren eingegangen und diese werden dann zum Konzept der individuellen Übergangswahrscheinlichkeit in Beziehung gesetzt. Hernach wird die Satisficing-Hypothese, als Vertreter der kognitiven Lerntheorie, betrachtet und ihr Verhältnis zum Konzept der individuellen Übergangswahrscheinlichkeit dargestellt. Anschließend wird auf zwei Bestimmungsgründe hingewiesen, die den beiden großen Klassen von Lerntheorien schwer zugerechnet werden können. Bemerkungen zu Mechanismen die den Unschärfebereich eingrenzen, der sich infolge Kreativität ergibt, runden das Kapitel ab.

Vorab sind einige Bemerkungen zur Vorgehensweise angebracht. Selbstredend können hier die verschiedenen angesprochenen Lerntheorien nicht umfassend dargestellt und die Arbeiten ihrer bedeutendsten Vertreter hinlänglich gewürdigt werden. Die Verbindung der verschie-

---

[2]Zu den Begriffen hohe bzw. geringe kognitive Beteiligung siehe Fußnote 3 in Kapitel 3.

denen Theorien mit den Namen von einzelnen hervorragenden Vertretern ihres Faches dient lediglich zur Etikettierung der jeweiligen Grundgedanken. Die Grundgedanken der psychologischen Lerntheorien sind dem Standardlehrbuch *Bower* und *Hilgard* (1983, 1984) entnommen. Hier findet der interessierte Leser eine Fülle von Literaturhinweisen zu grundlegenden Originalarbeiten zu dem Gebiet der psychologischen Lerntheorien.

2.2 Konditionierungslehren und individuelle Übergangswahrscheinlichkeit

Die „klassischen" Konditionierungslehren lassen sich auf verschiedene mögliche Kombinationen zwischen Stimulus S und Reaktion R zurückführen. Um die Darstellung zu vereinfachen, wird in der Folge angenommen, daß S aus zwei Stimuli, S_1 und S_2, besteht und daß ein jeder Stimulus mit einem von zwei Reaktionen, R_1 oder R_2, verbunden werden kann.

2.2.1 Die Pawlow'sche Konditionierungslehre

Die Pawlow'sche Konditionierungslehre läßt sich wie folgt charakterisieren. Angenommen ein Stimulus (z.B. S_1) ist auf eine bestimmte Reaktion (z.B. R_2) konditioniert und zusammen mit S_1 wird der Stimulus S_2, ein bislang neutrales Signal, mehrmals dargeboten. Nach der Pawlo'schen Konditionierungslehre wird dann der bislang neutrale Reiz S_2 mit der Reaktion R_2 in Verbindung gebracht.[3].

Die Anwendung dieser Theorie spielt im Marketing eine Rolle.

> „In der Werbung wird das Produkt bzw. die Marke symbolisch dargestellt, als Produktabbildung, als Produktname, als Markenzeichen usw. . Durch die Werbung soll der Konsument lernen, stellvertretend für Produkte und Marken

---

[3]Vgl. *Bower, Hilgard* (1983, S. 80ff). *Skinner* spricht in diesem Zusammenhang von einer Konditionierung des Antwortverhaltens. Diese Art der Konditionierung heißt bei ihm „Typ S" (vgl. *Bower* und *Hilgard* (1983, S. 100f, S. 250)).

zunächst diese Symbole in emotionaler Weise wahrzunehmen und zu erleben." (*Kroeber-Riel* (1980, S. 126))

Es geht also zunächst um emotionale Wahrnehmung (Aktivierung). Ein Produkt soll Aufmerksamkeit erregen und sich einen Platz im Blickfeld des Konsumenten erobern. Durch die gleichzeitige, sich wiederholende Darbietung von Symbolen für ein Produkt (dies ist der bislang neutrale Reiz S_2) und (möglichst positiven) emotional[4] beladenen Wörtern soll ein Bedeutungstransfer von den emotional beladenen Wörtern zu dem neutralen Symbol erfolgen. Die (positiv) emotional beladenen Wörter und Symbole stellen den konditionierten Stimulus S_1 dar. Der Bedeutungsinhalt der emotional beladenen Wörter stellt die Reaktion R_2 dar.[5]

In welcher Beziehung steht die Pawlow'sche Konditionierungslehre zu dem Konzept der individuellen Übergangswahrscheinlichkeit? Hierzu ist es nützlich zu klären, was eine inidividuelle Übergangswahrscheinlichkeit ist. Zur Vereinfachung sei angenommen, daß es lediglich drei Güter gibt, Gut A, Gut B und Gut C. Die Anzahl der Nachfrager nach Gut A wird mit n_A, die Anzahl der Nachfrager nach Gut B mit n_B und die Anzahl der Nachfrager nach Gut C mit n_C bezeichnet. Zwecks weiterer Vereinfachung sei die Menge der Nachfrager $N = \{1, 2, 3, ..., i, ...n\}$ gegeben, so daß

$$n_C = n - n_A - n_B \tag{2.1}$$

gilt. Pro Zeiteinheit frage jedes Individuum eines der drei Güter nach. Die individuelle Übergangswahrscheinlichkeit

$$\tilde{\pi}(n_A + 1, n_B; \mathbf{x}) = \breve{\pi}(1, 0; \mathbf{x})$$

---

[4]Vgl. *Kroeber-Riel* (1980, S. 106). Im übrigen weist er immer wieder darauf hin, daß sich solch komplexe Phänomene wie Lernen nicht monokausal, d.h. durch eine einzige Lerntheorie, erklären lassen.

[5]Die Pawlow'sche Konditionierungslehre ist bei der Betrachtung der Konkurrenzsituation zwischen einem etablierten Unternehmen und einem emporkommenden Unternehmen (Entrant) von Bedeutung. Ceteribus paribus wird gemäß der Pawlow'schen Konditionierungslehre für ein Produkt eines etablierten Unternehmens (zunächst) eine stärkere (oder schwächere) Präferenz bestehen als für das Produkt eines emporkommenden Unternehmens.

gibt dann die Wahrscheinlichkeit an, mit der genau ein beliebiges Individuum pro Zeiteinheit von Gut C zu Gut A wechselt. D. h. , ein Nachfrager, der in der Vorperiode Gut C nachfragte, fragt mit der angegebenen Wahrscheinlichkeit $\check{\pi}(1,0;\mathbf{x})$ zur gegenwärtigen Periode Gut A nach. Zur Veranschaulichung der Notation sei ein weiteres Beispiel für eine individuelle Übergangswahrscheinlichkeit gegeben. So gibt $\tilde{\pi}(n_A + 1, n_B - 1; \mathbf{x}) = \check{\pi}(1, -1; \mathbf{x})$ die Wahrscheinlichkeit an, daß ein Individuum von Gut B zu Gut A wechselt. Alle anderen möglichen Änderungen des Nachfrageverhaltens lassen sich durch diese Art der Notation darstellen.

Die Größe $\mathbf{x}$ ist ein Vektor und beinhaltet all jene Variablen, von denen die Übergangswahrscheinlichkeit abhängt. Bei der individuellen Übergangswahrscheinlichkeit handelt es sich um eine bedingte Wahrscheinlickeit. Die Bedingung ist durch den Vektor $\mathbf{x}$ gegeben.

Zwei zentrale Voraussetzungen der Arbeit sind:

Annahme 2.1 *Pro Zeiteinheit fragt jeder Nachfrager genau ein Gut aus einer (vom wissenschaftlichen Beobachter) vorgegebenen Menge von Gütern nach.*[6]

Zusätzlich zu dieser Voraussetzung unterliegt alles Folgende der Markovannahme.

Annahme 2.2 *Die individuellen Übergangswahrscheinlichkeiten unterliegen der Markovannahme.*

Dies bedeutet, daß die individuellen Übergangswahrscheinlichkeiten nur von Ergebnissen der Vorperiode abhängig sind. Diese Annahme ist sinnvoll, da Innovationsverhalten zugelassen ist. Anbieter können ihre Angebote jederzeit ändern und damit rechnen die Nachfrager auch. Deshalb sind weiter zurückliegende Informationen bedeutungslos. Diesem Sachverhalt wird durch die Markovannahme Rechnung getragen.

---

[6]Implizit wird damit gleichzeitig vorausgesetzt, daß Kaufabsichten stets verwirklicht werden können. Da die Unternehmen keine vollkommene Information über die Kaufabsichten Der Kunden haben, werden Güter auf Lager gehalten. Die Existenz von Lagern sind somit Ausdruck einer unvollkommenen Koordination (siehe *Day* (1987, S. 50)).

Neben anderen, nicht notwendig vollspezifizierbaren Variablen enthält der Vektor $\mathbf{x}$ all jene Stimuli S, die von einem Nachfrager mit dem Gut A in Verbindung gebracht werden. Bei der Einführung eines neuen Gutes in den Markt, z. B. Gut A, ist das Gut selbst zunächst unbekannt, d. h. ein potentieller Nachfrager besitzt keine Erfahrungen über das Gut. Durch emotional positiv beladene Wörter, die mit Gut A in Verbindung gebracht werden, entsteht eine Präferenz für Gut A. Dies drückt sich in der individuellen Übergangswahrscheinlichkeit in einer Steigerung derselben aus. Waren die individuellen Übergangswahrscheinlichkeiten $\check{\pi}(+1, 0; \mathbf{x})$ und $\check{\pi}(+1, -1; \mathbf{x})$ vor der Markteinführung gleich Null, so steigen sie durch den Bedeutungstransfer von den emotional beladenen Wörtern zu dem bislang neutralen Symbol, Gut A.

Es ist hierbei zu beachten, daß die Wahrnehmung der Stimuli, die mit dem neuen Gut A in Verbindung gebracht werden, nicht durch die individuelle Übergangswahrscheinlichkeit $\check{\pi}(1, 0, .)$ noch durch $\check{\pi}(1, -1, .)$ erklärt wird. Die Wahrnehmung der Stimuli, die mit dem neuen Gut in Verbindung gebracht werden, kann ebenfalls durch Wahrscheinlichkeiten erklärt werden. Dies soll durch ein kleines Beispiel veranschaulicht werden.

Angenommen, für Gut A wird in einer Zeitung geworben, die 5 % der betrachteten Population lesen. Von diesen Lesern nehmen, so sei weiter angenommen, 80 % die in Frage stehende Anzeige wahr. Unter diesen Bedingungen wäre die Wahrscheinlichkeit, daß ein Individuum der betrachteten Population auf Gut A aufmerksam wird gleich 0,04. Durch dieses Beispiel wird zweierlei deutlich: Zum einen sind Situationen denkbar, in denen die Wahrscheinlichkeit, daß ein potentieller Nachfrager ein neues Gut wahrnimmt, empirisch ermittelt werden kann. Zum anderen wird durch die Wahrscheinlichkeit $\check{\pi}(., .; .)$ das Entscheidungsverhalten der Nachfrager abgebildet. Wird $\check{\pi}(., .; .)$ mit der Wahrscheinlichkeit multipliziert, mit der Gut A wahrgenommen wird, so erhält man die Wahrscheinlichkeit $\pi(., .; .)$, die nicht mehr von der Bedingung abhängig ist, daß Gut A wahrgenommen wurde.[7]

---

[7]Es ist allerdings zu vermuten, daß die Wahrscheinlichkeit, mit der Gut A wahrgenommen wird, von weiteren Bedingungen abhängt. Können diese Bedingungen wiederum durch bedingte Wahrscheinlichkeiten abgebildet werden, so gerät man in einen unendlichen Regreß, den der wissenschaftliche Beobachter mehr oder weniger willkürlich abbrechen muß, wenn er zu gehaltvollen Aussagen kommen will.

2.2.2 Thorndikes Verbindungslehre

Im Gegensatz zu oben wird nun angenommen, daß ein Individuum schon Erfahrungen mit einem Gut, z. B. Gut A, gemacht hat. Diese Erfahrungen können verstärkend wirken, d. h. die Präferenz für das in Frage stehende Gut steigt. Dieser Effekt wirkt sich auf die individuelle Übergangswahrscheinlichkeit $\pi(-1,.;\mathbf{x})$ aus, mit der ein Nachfrager von Gut A zu einem anderen Gut wechselt. Sie sinkt. Denn je besser die „Erfahrung" mit Gut A ist, desto geringer ist der Anreiz ein anderes Gut zu testen. Das Merkmal „Erfahrung mit Gut A" ist ein Element des Vektors $\mathbf{x}$.

Eine Präferenz für Gut A kann man auch folgendermaßen ausdrücken. Die Reaktion R_2, d. h. die Nachfrage nach Gut A, ist auf einen (oder auch mehrere) Stimulus S_1 konditioniert. Je stärker die Präferenz für Gut A ist, desto stärker ist der Zusammenhang zwischen Stimulus S_1 und R_2 und desto geringer ist die individuelle Übergangswahrscheinlichkeit $\pi(-1,.;.)$.

Was geschieht jedoch, wenn sich die Reaktion R_2, als nicht mehr erfolgreich erweist? Gemäß Thorndike beginnt dann ein Versuchs- und Irrtumsprozeß, der so lange fortwährt, bis eine erfolgreiche Reaktion (z.B. R_1) gefunden wurde. Es erfolgt hier eine Substitution der beiden Reaktionen (Vgl. *Bower, Hilgard* (1983, S. 42ff). Als Selektionsmechanismus fungiert der Erfolg oder Mißerfolg einer Reaktion. Es wird jene Reaktion vermehrt gewählt, die das Individuum zufriedenstellt (Effektgesetz).[8]

---

[8]Siehe hierzu auch die Ausführungen *Herrnsteins* (1989) zu dem Verhältnis von Darwinismus und Behaviorismus. *Herrnstein* (1989) betont, daß die Ansicht, die Welt sei von Gott willentlich geplant und die beste aller Welten, durch den Darwinismus erschüttert wurde. Eine ganz ähnliche Umwelzung zeichne sich bezüglich des Menschbildes ab. Der Mensch plant nicht willentlich und sucht die beste aller möglichen Handlungsalternativen aus, sondern er melioriert. Das Ergebnis der Melioration muß nicht das (lokale) Optimum sein.

Durch die Theorie der Melioration wird erklärt, mit welcher Häufigkeit zur Auswahl stehende Alternativen durch ein Individuum gewählt werden. Es werden repetitive Entscheidungssituationen vorausgesetzt. Die relativen Häufigkeiten können als Wahrscheinlichkeiten interpretiert werden, mit denen die verschiedenen Alternativen gewählt werden. Der gleiche Sachverhalt kann in der Wahrscheinlichkeitstheorie auch über bedingte Wahrscheinlichkeiten erklärt werden.

So betrachtet kann die Theorie der Melioration Hypothesen über individuelle Ü-

Diesen Versuchs- und Irrtumsprozeß kann man schematisch durch die Verwendung von individuellen Übergangswahr scheinlichkeiten abbilden. Das Merkmal „Erfahrung mit Gut A" tritt in der Übergangswahrscheinlichkeit $\pi(-1,.;.)$ als Bedingung auf. Ganz analog tritt das Merkmal „Erfahrung mit Gut B (C)" als Bedingung in der individuellen Übergangswahrscheinlichkeit $\pi(.,-1;.)$ $(\pi(.,.;.))$ auf. Die individuelle Übergangswahrscheinlichkeit $\pi(-1,.;.)$ kann unter Vernachlässigung aller anderen Bestimmungsfaktoren dann als Wahrscheinlichkeit angesehen werden, deren Höhe ein Maß für den potentiellen Mißerfolg oder die potentielle Unzufriedenheit mit Gut A ist. Ist ein Individuum „vollkommen zufrieden mit Gut A", so drückt sich dies in einer individuellen Übergangswahrscheinlichkeit in Höhe von $\pi(-1,.;.,.,.) = 0$ aus. Sollte ein Nachfrager vollkommen unzufrieden mit Gut A sein, so wäre dies durch $\pi(-1,.;.,.,.) = 1$ abzubilden.

Durch Thorndikes Verbindungslehre kann auf einfache Weise Wiederkaufverhalten erklärt werden. Hat sich ein Kauf ex post als erfolgreich erwiesen, so wird bei adäquatem Stimulus wieder das gleiche Produkt gekauft (*Kroeber-Riel* (1984, S. 382), *Rothschild* und *Gaidis* (1981, S. 70f, S. 76)).[9] Andererseits kann Thorndikes Verbindungslehre zur Begründung von Suchaktivitäten herangezogen werden. Ist der Kauf eines Gutes oder ist die Rendite einer Investition unbefriedigend, so kommt es zu einem Versuchs- und Irrtumsprozeß, um eine Verbesserung der augenblicklichen Situation zu erreichen.

Die Thorndikesche Verbindungslehre ist nicht unproblematisch. Bei Wiederkaufverhalten mit geringer kognitiver Beteiligung kann die Erklärung nützlich sein. Bei Prozessen mit hoher kognitiver Beteiligung, wie dies insbesondere auf der Angebotsseite zu vermuten ist, erscheint eine solche Betrachtungsweise als zu stark vereinfachend. Schließlich

---

bergangswahrscheinlichkeiten liefern. Im Gegensatz zur Melioration, die auf einzelwirtschaftliches Verhalten anwendbar ist, wird in der vorliegenden Arbeit versucht, eine Verbindung zwischen Individual- und Marktebene herzustellen.

[9]Auf der Angebotsseite wird die gleiche Theorie in der Wirtschaftstheorie ebenfalls häufig angewendet, ohne explizit darauf hinzuweisen (vgl. z.B. *Dosi* (1984, S. 91)). Wird der Gewinn als Belohnung und der Verlust als Bestrafung angesehen und wird die Verhaltensprämisse gesetzt, daß Unternehmen verstärkt jene Handlungsalternative wählen, die bisher den höchsten Gewinn erbrachte, so haben wir eine spezielle Version der Thorndikeschen Verbindungslehre vor uns.

ist zu fragen, warum eine Reaktion als nicht mehr erfolgreich angesehen wird? Eine kognitivistische Ergänzung dieses Modells kann hier möglicherweise weiterhelfen.

2.2.3 Ausgewählte Nebengesetze Thorndikes

Reaktionsvariation

Die Thorndik'sche Verbindungslehre setzt eine gewisse Variabilität des Verhaltens voraus. Denn ohne eine Änderung der Reaktion kann keine mögliche Besserstellung erreicht werden. Selbst wenn durch Versuch und Irrtum eine erfolgreiche Reaktion gefunden wurde, so ist die Existenz einer Reaktion, die eine höhere Belohnung erbringt, nicht ausgeschlossen. Ergänzend zu den bisherigen Determinanten der individuellen Übergangswahrscheinlichkeit ist zu vermuten, daß Experimentierfreude ein wesentlicher Bestimmungsgrund ist (*Day* (1987, S. 53)). *Witt* (1987) spricht von der Suche mit einer interindividuell verschiedenen Basisrate.

Diese Variablilität im Verhalten einer Person, kann durch die Verwendung individueller Übergangswahrscheinlichkeiten abgebildet werden. Gemäß der S. 9 gegebenen Definition von Lernen, äußert sich Lernen in einer Änderung des Verhaltenspotentials oder einer Änderung des tatsächlichen, beobachtbaren Verhaltens. Änderungen des Verhaltenspotentials eines Individuums schlagen sich in der Änderung der individuellen Übergangswahrscheinlichkeiten nieder, wodurch das potentielle Verhalten des Individuums beschrieben wird. Änderungen im Verhaltenspotential eines Menschen führen im allgemeinen zu Änderungen des beobachtbaren Verhaltens. Änderungen des beobachtbaren Verhaltens offenbaren sich in den folgenden Modellen durch die Realisierung eines stochastischen Prozesses. Die Eigenart des stochastischen Prozesses ergibt sich durch die funktionale Form und die Parameter der individuellen Übergangswahrscheinlichkeiten. Im Falle der „Suche mit konstanter Basisrate" wäre die individuelle Übergangswahrscheinlichkeit unter Vernachlässigung anderer Determinanten eine Konstante.

Ohne Reaktionsvariation auf der Angebots- wie Nachfrageseite ist die Entstehung und Ausbreitung von Neuem kaum denkbar. Sie scheint hierfür eine notwendige Bedingung zu sein[10]. Der Marktmechanismus kann hierbei als Selektionsinstrument und der Staat und andere Institutionen können als „Vermittler" aufgefaßt werden, die die Rahmenbedingungen und damit die Entstehung und Ausbreitung von Neuem maßgeblich mitbestimmen (*Tellis* und *Crawford* (1981, S. 128)).

Stimulusgeneralisierung

Wenn ein Individuum bei ähnlichen Reizen gleiche Reaktionen zeigt, so spricht man von Stimulusgeneralisierung. M. a. W. wird die Verknüpfung eines bestimmten Reizes mit einer bestimmten Reaktion auf ähnliche Reize übertragen (generalisiert) (Vgl. *Bower* und *Hilgard* (1983, S. 50-52), *Kroeber-Riel* (1980, S. 376-377).).

Konsumenten reagieren auf ähnliche Produkte so, als ob es sich um gleiche Produkte handelt. In neuen Kaufsituationen, die gewisse Ähnlichkeit mit vergangenen Kaufsituationen haben, wird gehandelt, als ob es sich um die gleiche Kaufsituation handelt (*Kroeber-Riel* (1980, S. 377)). M.a.W. ist der Neuigkeitsgrad eines Produktes um so geringer, je größer die Gemeinsamkeiten (des Produktes, der Kaufsituation etc.) mit den bisherigen Erfahrungen der Konsumenten sind. Für *Sheth* (1968) ist die Reizgeneralisierung u.a. wesentliche Ursache für die Bildung von Produktpräferenzen (vgl. auch *Witt* (1987, Kapitel 3)).

Angesichts unvollkommener Information von Nachfragern werden bisherige Erfahrungen mit dem Produkt einer Marke auf andere Produkte dieser Marke übertragen. „Verhaltensmäßig schlägt sich diese Wirkungskette als Markentreue (oder bei schlechten Erfahrungen als Untreue) nieder." (*Simon* (1981, S. 67))

Imitatoren können die Stimulusgeneralisierung bei der Nachahmung neuer, erfolgreicher Produkte verwenden (Vgl. *Kroeber-Riel* (1983, S. 377)). Aufgrund der Stimulusgeneralisierung ist zu vermuten, daß Mehrproduktunternehmen gegenüber Einproduktunternehmen c. p. einen Selektionsvorteil besitzen, wenn gute bisherige Erfahrungen mit

---

[10]Diese Feststellung läuft nicht automatisch optimierendem Verhalten überhaupt zuwider. Allerdings gründet sich hier „optimierendes" Verhalten auf einem gänzlich anderen Konzept als dies in der Neoklassik üblich ist. So stellen *Bower* und *Hilgard* (1983, S. 49) fest: „...Damit räumte Thorndike ein, daß voreilige Fixierung von Verhalten für eine optimale Anpassung hinderlich sein könnte."

den Produkten des Mehrproduktunternehmens auf neue Produkte dieses Unternehmens übertragen werden. In diesem Fall wäre die individuelle Übergangswahrscheinlichkeit, die angibt, mit welcher Wahrscheinlichkeit von einem neuen Produkt des Mehrproduktunternehmens zu einem anderen Gut gewechselt wird, c. p. geringer als die entsprechende Wahrscheinlichkeit im Falle eines Einproduktunternehmens.

2.2.4 Reizdiskriminierung

Die Reizdiskriminierung kann als Komplement zur Reizgeneralisierung (oder Stimulusgeneralisierung)[11] angesehen werden (vgl. *Bower* und *Hilgard* (1983, S. 85f), *Kroeber-Riel* (1984, S. 373)). Eine Reizdiskriminierung liegt dann vor, wenn im Zeitablauf auf unterschiedliche Reize verschiedenartig reagiert wird[12].

> „Die Fähigkeit zur Unterscheidung von Reizen ist also eine wichtige Voraussetzung für den Aufbau eines differenzierten Verhaltensrepertoires:..." (*Kroeber-Riel* (1984, S. 374))

Die Nachfrager müssen Produkte, die von verschiedenen Unternehmen angeboten werden, überhaupt als verschiedenartig wahrnehmen, um produktspezifisch reagieren zu können (vgl. *Kroeber-Riel* (1984, S. 296)), andernfalls erfolgt bei gleichem Preis die Auswahl zwischen den in Frage stehenden Produkten rein willkürlich. Nur wenn Nachfrager zwischen Produkten diskriminieren können, kann zwischen den Anbietern der Produkte ein anderer Wettbewerb als reine Preiskonkurrenz ausgetragen werden.

In welcher Beziehung steht die Reizdiskriminierung zur individuellen Übergangswahrscheinlichkeit? Können beispielsweise die Nachfrager zwischen den Gütern A und C nicht diskriminieren, so kann ein Unterschied in den individuellen Übergangswahrscheinlichkeiten

$$\pi(1,0;.,.,.) \quad und \quad \pi(-1,0;.,.,.)$$

nur auf unterschiedliche Preise zurückgeführt werden.

---

[11]Die Wahl der Ausdrücke erfolgte in enger Anlehnung an *Bower* und *Hilgard* (1983, 1984). Die Ausdrücke Reiz und Stimulus besitzen hier die gleiche Bedeutung.

[12]*Witt* (1987, S. 177, vgl. auch S. 113) spricht von „Differenzierungseffekt". Bei ihm scheint jedoch im Gegensatz zu hier die kognitive Komponente mehr im Vordergrund zu stehen.

2.2.5   Weiterentwicklungen durch Skinner

Skinner ergänzte die konventionelle Reiz-Reaktions-Theorie. Er differenzierte zwischen „Antwortreaktionen" und „Wirkreaktionen". Bei den Antwortreaktionen werden die Reaktionen durch bekannte Reize ausgelöst, andernfalls spricht Skinner von Wirkreaktionen. Bei den Wirkreaktionen können für das Auftreten einer bestimmten Reaktion keine Stimuli angegeben werden. Das bedeutet, daß bei Vorliegen von Wirkreaktionen die Bedingungen in den individuellen Übergangswahrscheinlichkeiten ganz sicher nicht vollkommen spezifiziert werden können.[13] Im Gegensatz zu den S-R-Theorien, in denen ein passives Individuum vorausgesetzt wird, bezieht sich sein Wirkverhalten auf Verhalten, das spontan abgegeben wird.

Es gibt also im menschlichen Verhalten einen Unschärfebereich. Dieser Unschärfebereich macht exakte Prognosen über menschliches Verhalten unmöglich. Durch die Verwendung des Konzeptes der individuellen Übergangswahrscheinlichkeit wird versucht, diesem Unschärfebereich Rechnung zu tragen.

2.3   Kognitive Lerntheorie und individuelle Übergangswahrscheinlichkeit

Die bisher kurz skizzierten Lerntheorien werden den sog. behavioristischen Theorien zugeordnet[14]. Hier werden zur Erklärung des Verhaltens nur beobachtbare Größen zugelassen. Der Neobehaviorismus[15] läßt demgegenüber auch die Erklärung des Verhaltens über intervenie-

---

[13]Geht eine Wirkreaktion eine Verbindung mit dem vorangegangenen Reizgeschehen ein, dann spricht man von einer unterscheidenen Wirkreaktion (discriminated operant). Im Falle von unterscheidenden Wirkreaktionen können zusätzliche Bedingungen angegeben werden.

[14]„Es ist eine Grundüberzeugung dieses Ansatzes, daß komplexes Verhalten (... Reflexion, Denken, Problemlösen) bei geeigneter Analyse als komplexes Wechselspiel elementarer Konzepte und Prinzipien erklärt werden können." *Bower* und *Hilgard* (1983, S. 247). Vgl. auch *Witt* (1987, S. 120-124).

[15]Zu einer Kritik der behavioristischen Theorien aus kognitivistischer Sicht; vgl. *Bower* und *Hilgard* (1984, S. 218-227). Zu einer Kritik aus ökonomischer Sicht vgl. *Witt* (1987, S. 125f).

rende Variablen zu. „Intervenierende Variable sind Begriffe für nicht-beobachtbare Sachverhalte, die innerhalb der Person wirksam werden wie Gefühle oder Gedächtnis." (*Kroeber-Riel* (1984, S. 25)) Zwischen Stimulus und Reaktion kann man sich die intervenierende Variable O zwischengeschaltet denken.

Den obigen (behavioristischen) Theorien wird ein Erklärungswert für einfache Verhaltensanpassungen zuerkannt (elementares Lernen). Sie alleine sind jedoch nicht geeignet, um die Bewältigung komplexer ökonomischer Umgebungsbedingungen erklären zu können. Als ein möglicher Erklärungsansatz werden von *Witt* (1987, S. 113, S. 118-123) Konditionierungsvorgänge und Einsicht vorgeschlagen. Um unnötige Wiederholungen zu vermeiden, wird in diesem Zusammenhang auf die Ausführungen von *Witt* (1987, Kapitel 3) verwiesen.

Oben wurde argumentiert, daß die Aktivierung zu Suchaktivitäten durch die Thorndikesche Konditionierungslehre nur unzureichend erkärt werden kann. Wird als intervenierende Variable ein interner Soll-Standard angenommen, der über, gleich oder unter dem Ist-Wert liegen kann, so ist das oben erkannte Erklärungsdefizit (was als zufriedenstellende Reaktion anzusehen ist) behoben. Kommt es infolge einer Verschlechterung des Ist- Zustandes zu einer positiven Anspruchsdiskrepanz, d. h. der Soll-Zustand ist größer als der Ist-Zustand, so wird zunächst nach einer besseren Alternative unter bekannten Alternativen gesucht. Kann hierdurch die positive Anspruchsdiskrepanz nicht merklich verringert werden, so wird vermehrt nach neuen Handlungsalternativen gesucht (*Witt* (1987, S. 144ff). Eine Differenz zwischen Soll- und Istzustand kann über eine Änderung des Istzustandes oder eine Änderung des Anspruchsniveaus behoben werden.

Folgende Verhaltenshypothesen werden für die Anpassung des Anspruchsniveaus (des Soll-Zustandes) aufgestellt (*Witt* (1987, S. 146)).:

- Bei einer negativen Anspruchsdiskrepanz (Soll-Zustand < Ist-Zustand) paßt sich das Anspruchsniveau relativ schnell an den Ist-Zustand an.

- Bei einer positiven Anspruchsdiskrepanz erfolgt die Anpassung nur schleppend. Die Geschwindigkeit der Anpassung des Anspruchsniveaus hängt von dem Erfolg der unternommenen Aktivitäten ab. Bei häufigem Erfolg der unternommenen Aktivitäten wird die Anspruchsdiskrepanz aufrechterhalten oder vergrößert. Bei geringem Erfolg erfolgt eine Verringerung der Anspruchsdiskrepanz. Es wird unterstellt, daß die Geschwindigkeit der Anspruchsanpassung von der Höhe und der Dauer des Erfolgs oder Mißerfolgs der unternommenen Aktionen abhängt.

Eine positive Diskrepanz zwischen Anspruchsniveau und Ist-Zustand wird umgangssprachlich durch den Ausdruck „Problem" umschrieben. Anders gewendet kann man demgemäß auch sagen, daß durch die Satisficing-Hypothese problemorientierte Suche erklärt wird. Die Satisficing-Hypothese berücksichtigt damit ein wesentliches Element von Kreativität (vgl. *Röpke* (1977, S. 106)), den Problembezug.

Nach der Darstellung von *Witt* (1987, S. 144) wird Such- und Experimentierverhalten durch eine hinreichend hohe positive Diskrepanz zwischen Anspruchsniveau und Ist-Zustand erklärt. Dagegen weist *Kroeber-Riel* (1984, S 253) darauf hin, daß bei Konsumenten eine Steigerung des wahrgenommenen Kaufrisikos zu aktiver Suche nach Informationen führt. Bei ihm erfolgt jedoch eine Einengung der Betrachtung auf die Nachfrageseite. Entsprechendes kann jedoch auch auf Seiten der Anbieter angemerkt werden. Analog zum wahrgenommenen Kaufrisiko auf der Nachfrageseite könnte man auf der Angebotsseite von dem wahrgenommenen Unternehmensrisiko sprechen. Steigt das Unternehmensrisiko in den Augen eines Unternehmers, so wird aktiv nach neuen Handlungsalternativen gesucht.

Es bleibt festzuhalten: Es gibt einen Unschärfebereich bei dem menschlichen Entscheidungsverhalten und somit auch bei der Abbildung menschlichen Verhaltens durch einen Beobachter. Durch die Satisficing-Hypothese kann die Aktivierung eines Menschen zu Such- und Experimentieraktivitäten erklärt werden. Wenn das Anspruchsniveau verletzt ist, so wird jedoch nicht notwendigerweise eine Suche nach neuen Alternativen aktiviert.[16] So zeigen *Sauermann* und *Selten* (1962) auf, wie man sich das Entscheidungsverhalten eines Unternehmens aus einer *gegebenen* Menge von Handlungsalternativen durch eine Anspruchsanpassungstheorie denken kann.[17] Hinzu kommt, daß

---

[16]Insbesondere im Hinblick auf Neues dürften zudem die Präferenzen unvollkommen definiert sein (siehe auch *Day* (1987, S. 51).

[17]*Sauermann* und *Selten* (1962) bemerken, daß ihre Theorie auch die Einfü-

„Menschen eine sehr *aktive* Rolle bei der Bildung ihrer Wahrnehmungen und Theorien spielen" (*Hesse* (1990, S. 63f)). Wahrnehmungen werden als Vermutungen über Zusammenhänge gedeutet. Das Gehirn bietet selbsttätig alternative Wahrnehmungen an. Die selbsttätige Darbietung alternativer Wahrnehmungen durch das Gehirn wird als Kreativität bezeichnet.

Ein Nachteil der Satisficing-Hypothese ist, daß sie sich schwer formalisieren läßt. So erscheint es aussichtslos, das Zusammenspiel von Anspruchsniveau und Ist-Zustand mit Hilfe des Konzeptes der individuellen Übergangswahrscheinlickeit fassen zu wollen.[18] Durch das Zusammenspiel von Anspruchsniveau und Ist- Zustand kann zwar die Motivation zu Such- und Experimentierverhalten erklärt werden, die erklärende Variable Anspruchsniveau ist jedoch nicht beobachtbar. Dagegen ist das Konzept der individuellen Übergangswahrscheinlichkeit viel grobschlächtiger, hat deshalb aber den Vorteil für den wissenschaftlichen Beobachter auch in Situationen anwendbar zu sein, die durch Unsicherheit geprägt ist.

> „However, regardless of how uncertain the situation ap-

---

gung neuer Handlungsalternativen erlaubt, allerdings ohne dies auch wirklich zu illustrieren.

[18]*Smallwood* und *Conlisk* (1979, S. 3ff) interpretieren ihre „break down- Wahrscheinlichkeit" als „dissatisfaction probability". Suchhandlungen, die durch ein Problem verursacht wurde, werden mit Hilfe des Wahrscheinlichkeitskonzepts abgebildet. Es bleibt jedoch offen, wann eine bestimmte Reaktion als nicht mehr zufriedenstellend angesehen wird (siehe *Smallwood* und *Conlisk* (1979, S. 4)):

> „... dissatisfaction might result from a variety of causes."

Damit fußt die Darstellung dieser Autoren auf den klassischen Konditionierungslehren und ist der gleichen Kritik ausgesetzt: Es wird nicht erklärt, was zufriedenstellend sein soll und was nicht. Zur Abbildung von Konsumentenverhalten kann die Modellierung auf der Grundlage der Wahrscheinlichkeitstheorie jedoch sinnvoll sein.

> „The case for adaptive consumer modelling (im Gegensatz zur Abbildung von Unternehmerverhalten, R.H.) is stronger, since consumers are less able to bear the cost of computing optima and since inefficient consumers will not be driven out of existence." (*Smallwood* und *Conlisk* (1979, S. 3))

pears to agents, their ongoing decisions can still generate well-defined response probabilities r_a^B and w_a^B to potential information. This possibility has a direct basis of empirical support from signal detection experiments in behavioral psychology. In particular, they illustrate how statistically well-defined r_a^B and w_a^B probabilities[19] can arise from people's behavior even in situations where they cannot discern probabilities from their own experience. These 'behavior'probabilites (as distinct from 'subjective'Bayesian probabilities) also shift in quantitaviely predictable directions to experimentally controllable parameters that change the complexity or subtlety of the decision task (...)." (*Heiner* (1988, S. 32))

Durch die Verwendung des Konzepts der individuellen Übergangswahrscheinlichkeit wird weiterhin an dem methodologischen Individualismus festgehalten. Die innerpersönlichen Vorgänge als solche treten allerdings gegenüber dem Konstrukt der Satisficing-Hypothese in den Hintergrund. Manchen Ökonomen mutet der Rückgriff auf das Konzept der individuellen Übergangswahrscheinlichkeit angesichts der gut entwickelten Entscheidungstheorie und der damit gewonnenen Einsichten als Rückschritt an. Doch im Augenblick zumindest scheint es so, als ob es in der Innovationsforschung entweder nur die Möglichkeit gäbe mit elaborierten entscheidungstheoretischen Methoden unrealistische Modelle zu entwickeln oder aber den eigenen Anspruch etwas zurückzuschrauben und auf grobschlächtigere Konzepte wie der individuellen Übergangswahrscheinlichkeit zurückzugreifen, mit deren Hilfe wenigstens statistische Aussagen getroffen werden können.

2.4 Gehorchen, Imitation und individuelle Übergangswahrscheinlichkeit

Neben den bislang besprochenen Determinanten der individuellen Übergangswahrscheinlichkeit gibt es weitere Bestimmungsgrößen, die

---

[19]Die von *Heiner* (1988) angegebenen Wahrscheinllichkeiten können als individuelle Übergangswahrscheinlichkeiten interpretiert werden.

insbesondere bei der Ausbreitung von Neuerungen von Bedeutung sind, aber (nach Wissen des Autors) streng genommen weder den Konditionierungslehren noch der kognitiven Lerntheorie zugerechnet werden können. Die menschlichen Fähigkeiten und das Wissen sind nicht gleich verteilt. Im allgemeinen gibt es in Gruppen Meinungsführer, deren Urteil besonders schwer wiegt, denen gehorcht wird (siehe *Rogers* (1983)). Zum anderen kann das Verhalten anderer imitiert werden. Gehorchen und Imitation sind zwei mögliche Verhaltensweisen, die im Vergleich zu einer Entscheidungsfindung, die sich ausschließlich auf das eigene Urteil verläßt, vorteilhaft sein kann. Es können Ergebnisse erzielt werden, die durch eigenes Räsonieren möglicherweise nicht erzielt worden wären (*Day* (1987, S. 52f)). Aufwendige eigene Suchkosten können gespart werden.

In der individuellen Übergangswahrscheinlichkeit eines „passiven Individuums" kann z.B. der Anteil von Meinungsführern an der Gesamtpopulation, der ein bestimmtes Gut präferiert, als Argument auftreten. Alternativ hierzu kann bei imitierendem Verhalten auch die Anzahl der Nachfrager, die ein bestimmtes Gut nachfragen, als Argument individueller Übergangswahrscheinlichkeiten dienen.

2.5 Kreativität, Selektion und Screening-Off

Insbesondere das kreative Element erscheint durch eine formale Abbildung menschlichen Verhaltens nicht faßbar zu sein.[20] Dies gilt natürlich auch für die Abbildung menschlichen Verhaltens mit Hilfe individueller Übergangswahrscheinlichkeiten. Da der Inhalt eines kreativen Aktes, die Hervorbringung von Neuem, nicht antizipiert werden kann, ist eine jede Theorie — sei sie nun formalistisch oder nicht — der gleichen Restriktion ausgesetzt. Jede evolutorische Theorie steht unter dem Vorbehalt, daß die getroffenen Aussagen nur so lange gelten, bis eine (objektive) Neuerung eintritt (*Witt* (1987)).

---

[20]*Andersson* (1987) redet demgegenüber einem „Mikro-Modell der Kreativität" das Wort. Es bleibt bei ihm jedoch völlig offen was man unter dem Term „stock of knowledge" zu verstehen hat.

Der Unschärfebereich, der sich infolge kreativer Akte ergibt, wird
dadurch eingeschränkt, daß nicht jeder kreative Akt potentielles Verhalten verändert oder verhaltenswirksam (d. h. sich in beobachtbarem
Verhalten niederschlägt) wird. Es gibt mehrere Selektionsmechanis-
men, wodurch das Ergebnis kreativer Akte selektiert wird. Die erste
Selektionsstufe kann bei jedem einzelnen Menschen selbst angesiedelt
werden. Hierbei erfolgt die Selektion ohne Rekurs auf die Umgebung
des Menschen. *Hesse* (1990) spaltet diese Selektionsstufe weiter auf
in das Prinzip der kognitiven Kreation und das Rationalprinzip. Die
nächste Selektionsstufe setzt bei der Interaktion eines Menschen mit
seiner Umgebung an. Die zuvor vorgestellten Konditionierungslehren
sind in diese Kategorie ebenso einzuordnen wie die kognitive Ergänzung
durch die Satisficing- Hypothese. Die Marktselektion kann als Spezialfall der zweiten Selektionsstufe identifiziert werden. Sie zeichnet sich
dadurch aus, daß durch die Handlungen vieler einzelner Menschen Ma-
krodaten (wie Preise, Markennamen, etc.) entstehen, an denen sich
die Menschen wiederum ausrichten.[21]

Die Analyse wird zusätzlich durch die Existenz von „Screening Off"
vereinfacht. Dieser Begriff stammt aus der Biologie (siehe *Brandon*
(1988, S. 55f) und soll auf der Ebene der Marktselektion illustriert
werden. Es soll der Fall betrachtet werden, daß auf einem Markt Güter selektiert werden. Der Selektionserfolg eines Gutes wird durch den
relativen Marktanteil des betreffenden Gutes gemessen. Es erscheint
sinnvoll anzunehmen, daß die Nachfrager sich bei ihrer Nachfrageentscheidung an den Eigenschaften der jeweiligen Güter ausrichten. Die
Eigenschaften der angebotenen Güter werden u. a. durch das technisch-
organisatorische Wissen der einzelnen Unternehmen bestimmt. Die
Nachfrageentscheidung hängt jedoch im allgemeinen nicht direkt von
dem technisch-organisatorischen Wissen und der daraus resultierenden
Organisationsform ab.[22] [23] Dies nennt man Screening Off. Bei dem

---

[21]Vgl. auch die Ausführungen von *Scholl* (1991) über „evolutionäre Rationalität" in evolutorischen Prozessen. Die von *Scholl* (1991) aufgeführten Arten
„evolutorischer Wissensproduktion" lassen sich ohne Schwierigkeiten in diese zwei
Kategorien einordenen.

[22]Von dem Fall, daß hierdurch der Nutzen eines Gutes direkt betroffen wäre wird
hier abgesehen.

[23]*Metcalfe* (1991) unterscheidet zwischen Marktselektion und Gruppenselektion.

angegebenen Beispiel wird die Analyse dadurch vereinfacht, daß bei der Abbildung der Marktselektion das technisch- organisatorische Wissen noch die Organisationsformen der einzelnen Unternehmen betrachtet werden müssen, ohne auf die restriktive Annahme zurückgreifen zu müssen, daß alle betrachteten Unternehmen das gleiche technisch-organisatorische Wissen oder die gleiche Organisationsform besitzen.[24]

Die Abbildung der Kreation objektiv neuer Handlungsalternativen ist natürlich durch die Verwendung individueller Übergangswahrscheinlichkeiten nicht möglich. Es kann sich nur um subjektive Neuerungen handeln, die zudem dem Beobachter bekannt sind.

2.6 Schlußbemerkungen

Bislang wurden die individuellen Übergangswahrscheinlichkeiten als Mittel interpretiert, mit dem das Verhalten einzelner Individuen beschrieben werden kann. Da individuelle Übergangswahrscheinlichkeiten wegen der damit verbundenen Datenprobleme nicht für jedes einzelne Individuum geschätzt werden können, werden die individuellen Übergangswahrscheinlichkeiten zur Abbildung des Verhaltenspotentials von homogenen Subpopulationen verwendet. Die Interpretation der individuellen Übergangswahrscheinlichkeiten zur Abbildung des Verhaltenspotentials von Subpopulationen erlaubt die empirische Überprüfung (siehe *Weidlich* (1991), *Kraft* (1990)).

Seine Klassifizierung ist vermutlich darauf zurückzuführen, daß er bei der Modellierung von Selektionsprozessen an Populationen anknüpft. Dagegen wird hier eine Modellierung auf der Grundlage des methodologischen Individualismus angestrebt.

[24]Für einen Ökonomen sind natürlich auch Regelmäßigkeiten innerhalb von Organisationen von Interesse. Bei Vorliegen von Screening Off kann eine Analyse jedoch vereinfacht werden, ohne die Analyse unsachgemäß zu vereinfachen. Screening Off kann zur Rechtfertigung von Partialanalysen herangezogen werden.

Kapitel 3

Von der individuellen Ebene zur Marktebene

3.1 Einleitung

In der Neoklassik befinden sich alle Individuen augenblicklich im Optimalzustand. Es handelt sich um eine statische Theorie. Doch was in „turbulenter" Umwelt optimal oder zumindest besser ist, müssen die Individuen erst durch einen Versuchs- und Irrturmsprozeß herausfinden.[1] Dies gilt für Anbieter wie für Nachfrager. Es ist überhaupt fraglich, ob Individuen in von ihnen als komplex empfundenen Entscheidungsbedingungen in der Lage sind, das Optimum zu finden. Möglicherweise existieren mehrere lokale Optima und Individuen verharren in einem inferioren lokalen Optimum ohne das globale Optimum jemals zu erreichen.

Wenn Neuerungen in Form neuer Güter oder qualitativ veränderter Güter zugelassen werden, und nach Regelmäßigkeiten bei der Ausbreitung neuer Güter gesucht wird, so stellt sich unweigerlich die Frage, wie individuelles Suchverhalten adäquat abgebildet werden kann. Anders gewendet lautet das Problem, wie individuelles Suchverhalten abgebildet werden kann, ohne auf unrealistische Annahmen — wie z.B. in der neoklassischen Suchmarktliteratur — zurückgreifen zu müssen.

---

[1]Siehe auch die Ausführungen zu den ausgewählten Nebengesetzen Thorndikes Seite 17.

Als Ausweg wird hier die Abbildung individuellen Suchverhaltens mit Hilfe von Übergangswahrscheinlichkeiten vorgeschlagen. Mit Hilfe individueller Übergangswahrscheinlichkeiten, das ist im Zwei-Güterfall die Wahrscheinlichkeit, mit der ein Individuum von Gut A zu Gut B oder umgekehrt wechselt, wird das Suchverhalten einzelner Individuen beschrieben. Der Übergang von der individuellen Ebene zur Marktebene erfolgt mit Hilfe der Mastergleichung.

Das Kapitel ist in sechs Teile gegliedert. Da kompetitive Diffusionsprozesse[2][3] im Mittelpunkt des Interesses stehen, ist es sinnvoll das

---

[2]Das Diffusionskonzept basiert nicht auf der Vorstellung voneinander isoliert handelnder Individuen. Individuen tauschen Informationen aus und kreieren Informationen, um Zusammenhänge besser zu verstehen (Kommunikation). Demgemäß definiert *Rogers* (1983, S. 5):

> „Diffusion is the process by which an innovation is communicated through certain channels over time among the members of a social system."

Dieser Begriff erscheint jedoch noch zu allgemein, denn der hier interessierende Erkenntnisgegenstand umfaßt die Entstehung und Ausbreitung von Neuerungen auf Märkten. Es interessieren kompetitive Diffusionprozesse, worunter in Anlehnung an *Gerybadze* (1982, S. 236) die Ausbreitung einer Neuerung auf Märkten verstanden wird. Wird das in Frage stehende Produkt (durch Anbieter oder Nachfrager oder Dritte) abgewandelt und breitet sich dieses abgewandelte Produkt aus, so beginnt ein neuer Ausbreitungsprozeß, der zum Abbruch des bisherigen kompetitiven Diffusionsprozeß führen kann, aber nicht zwangsläufig dazu führen muß. Es sind im (historischen) Zeitverlauf mehrere solcher Verzweigungen vorstellbar, wobei die Produktveränderungen es gerechtfertigt erscheinen lassen, von einer Evolution einer Produktkategorie zu sprechen. Durch die Gesamtheit solcher Ausbreitungsprozesse innerhalb einer Produktkategorie wird ein Produktlebenszyklus beschrieben.
In die gleiche Richtung argumentiert *Metcalfe* (1984, S 104f):

> "..., we have an envelope of succesive diffusion curves, each appropriate to a given set of innovation and adoption environment characteristics, ..., the envelope need not conform to the logistic pattern, and its exact shape will depend on the temporal incidence of the changes in characteristics."

[3]Die Adoption wird als dynamischer Prozeß aufgefaßt und in verschiedene Stufen eingeteilt (Vgl. *Rogers* (1983, S. 163)). *Gatignon* und *Robertson* (1986, S. 48) unterscheiden zwei Adoptionsprozesse: Eine Adoption mit hoher kognitiver Beteiligung, der durch die Schritte Wahrnehmung, Beurteilung, Versuch, Adoption charakterisiert wird, sowie eine Adoption mit geringer kognitiver Beteiligung, die durch die

Verhalten beider Marktseiten zu charakterisieren. Zunächst wird das Verhalten der Angebotsseite beschrieben. Hieran schließt sich eine Beschreibung des Verhaltens der Nachfrager. Nach diesen vorbereitenden Abschnitten erfolgt die formale Darstellung individuellen Suchverhaltens mit Hilfe von Übergangswahrscheinlichkeiten und der Übergang von der individuellen Ebene zur Marktebene. In Abschnitt fünf werden Nachfragefunktionen hergeleitet und im letzten Abschnitt werden die wichtigsten Ergebnisse hervorgehoben.

3.2 Die Angebotsseite

Wie ist der Marktprozeß aus der Sicht eines Anbieters j zu betrachten? Ein Anbieter j kann im Ausbreitungszusammenhang nicht davon ausgehen, daß Konkurrenzunternehmen ihre unternehmerischen Instrumentvariablen unverändert lassen. Zudem besitzt Unternehmen j keine vollkommene Marktübersicht, d.h. Unternehmen j hat nur beschränkte Informationen über das Verhalten der Nachfrager und über die unternehmerischen Maßnahmen, die die Konkurrenzunternehmen ergreifen werden. Wie kann das Entscheidungsverhalten adäquat abgebildet werden?

Notwendige Voraussetzung, um überhaupt Entscheidungen zu treffen, ist ein Mindestmaß an Information. Dieses Mindestmaß an Information erhält Unternehmen j, indem es die Angebotsbedingungen bestimmt und die Reaktion der Nachfrager über einen vom Unternehmen festgelegten Zeitraum, der Entscheidungsperiode, abwartet. Um die Darstellung zu vereinfachen, wird eine Momentaufnahme der Angebotsstruktur gemacht, d.h. die c.p. -Klausel kommt zur Anwendung.

Durch die Anpassung der Nachfrager an eine gegebene Angebotsstruktur werden einige Unternehmen j besser gestellt und andere schlechter. Im ersteren Fall ist der Ist-Zustand größer als das An-

---

Schritte Wahrnehmung, Versuch, Einstellung, Adoption charakterisiert wird.

Insbesondere bei empirischen Studien, tritt das Problem der zu wählenden Adoptionseinheit auf (vgl. *Tigert* und *Farivar* (1981, S. 84)). Die Adoptionseinheit kann aus einzelnen Individuen oder aus Haushalten bestehen, sie kann aus einem gesamten Unternehmen mit vielen einzelnen Betriebsstätten bestehen oder einzelne Betriebsstätten können als Adoptionseinheit gewählt werden.

spruchsniveau und es kommt zu vergleichsweise schnellen Anpassungen des Anpspruchsniveaus an den Ist-Zustand. Im letzteren Fall wird nach Reduzierungsstrategien gesucht, um die positive Diskrepanz zwischen Anspruchsniveau und Ist-Zustand zu verringern. Wird keine erfolgversprechende Reduzierungsstrategie gefunden, so kommt es zur Senkung des Anspruchsniveaus.

Angenommen jedoch, es werden mehrere Reduzierungsstrategien gefunden, so stellt sich die Frage, wie Unternehmen j zwischen diesen Reduzierungsstrategien auswählt. Ganz analog zu *Shackle* (1957) ist zu vermuten, daß Unternehmen j eine Vision der hierdurch für Nachfrager i bewirkten Änderung der Bewertungsstruktur hat (bzw. welche Änderung der gesamten Nachfrage hierdurch erzeugt wird). Die in den Augen von Unternehmen j beste Reduzierungsstrategie wird auf Grund der Vision gewählt werden.

Die durch die Vision ausgelösten Erwartungen werden häufig nicht erfüllt. Die Erwartungen sind dann nicht zutreffend, wenn das Anspruchsniveau höher ist als der Ist-Zustand, der sich nach einer Entscheidungsperiode ergibt, wenn das Unternehmen seine Angebotsentscheidung getroffen hat und sich der Ausbreitungsprozeß entfaltet.

In das Anspruchsniveau gehen als Nebenbedingung die Restriktionen ein, die sicherstellen, daß das Unternehmen überlebt. Durch den Einsatz von unternehmerischen Instrumentvariblen kann es zu Nachfrageverschiebungen kommen, wodurch Anspruchsniveaus anderer Unternehmen $\tilde{j} \epsilon \{1, 2, 3, ..., m\}$ (nicht notwendigerweise direkter Konkurrenzunternehmen) verletzt werden können. Folglich werden die Unternehmen $\tilde{j}$ ihrerseits nach geeigneten Reduzierungsstrategien im Hinblick auf die Sicherung ihres Überlebens im Markt suchen. So gesehen sind im Marktprozeß koordinierende und dekoordinierende Tendenzen am Werk, die durch das Bestreben der Unternehmen nach Existenzsicherung, gespeist werden. Deshalb spricht *Witt* (1990a, S. 13) auch von überlebensbefähigender Koordination.[4]

Es handelt sich bei der überlebensbefähigenden Koordination vermutlich nicht um einen völlig regellosen Prozeß. Es gilt, die hierbei vorliegenden Regelmäßigkeiten ausfindig zu machen. Im besonderen heißt dies hier, daß der Anreiz zu Neuerungsverhalten in Märkten in

---

[4]Siehe auch *Witt* (1985).

tatsächlichen oder von Unternehmen befürchteten Absatzrückgängen gesehen wird. Gefragt wird danach, welche Regelmäßigkeiten bei der Ausbreitung neuer Güter vor allem in qualitativer Hinsicht zu erwarten sind.

3.3 Die Nachfrageseite

Die analytische Trennung in Ausbreitungs- und Entstehungszusammenhang wird zum Zweck einer besseren Verständigung beibehalten. Im Ausbreitungszusammenhang kann vereinfachend das Angebot als konstant angenommen werden. Die Rechtfertigung für diese Annahme ergibt sich aus folgender Überlegung.

Transaktionen können auf ganz unterschiedliche Art erfolgen. Werden Güter getauscht, die nicht besonders marktgängig sind (wie z.B. Häuser, antike Möbel etc.), so wird in der Regel ein Verhandlungsspielraum gegeben sein. Ein Nachfrager ist an Verhandlungen interessiert, um möglichst den Preis zu senken oder sonstige Vertragsbedingungen zu seinem Vorteil zu ändern. Ein Anbieter ist andererseits an den Verhandlungen interessiert, weil er befürchtet, daß es nicht zu einem Vertragsabschluß kommt, und er infolgedessen nicht zu vernachlässigende Kosten in Kauf nehmen muß, bis sich ein anderer Tauschpartner findet. Die Tauschbedingungen werden nicht von einer Marktseite bestimmt, sondern ausgehandelt.

Transaktionen, die über den Verhandlungsweg führen, sind in modernen, entwickelten Marktwirtschaften jedoch nicht dominierend. In den heutigen modernen Marktwirtschaften, geprägt von Serien- und Massenproduktion, überwiegt eine andere Transaktionsform. Die Angebotsbedingungen (wie Preis und Qualität) werden von Anbietern bestimmt. Nachfrager besitzen die Freiheit zwischen verschiedenen Angeboten zu wählen oder Kaufzurückhaltung zu üben.

Die Angebotsbedingungen im Ausbreitungszusammenhang als konstant anzunehmen, dient damit nicht nur zur Vereinfachung der Darstellung. Diese Annahme kann bisweilen für einen interessierenden Zeitabschnitt auf Grund empirischer Beobachtung als gerechtfertigt erscheinen.

Im Ausbreitungszusammenhang interessiert insbesondere, wie Be-

wertungsänderungen (d.h. subjektives Neuerungsverhalten von Nachfragern) abgebildet werden können und wie sie sich auswirken. Die
Zusammenhänge kann man sich wie folgt denken. Unternehmen haben durch ihre Instrumentvariablen Einfluß auf die Angebotsstruktur.
Wird die Angebotsstruktur vorübergehend als konstant angenommen,
so werden Individuen durch einen Versuchs- und Irrtumsprozeß versuchen, ihren Zustand zu verbessern. Das in den Augen eines Individuums
verbesserte Gut wird entweder ausschließlich oder häufiger gewählt werden. Eine Änderung der Bewertungsstruktur bewirkt somit eine gleich-
gerichtete Änderung der relativen Häufigkeit, mit der die verbesserte
Handlungsalternative gewählt wird.

Dieses Ergebnis wird z.B. durch die Theorie der Melioration prognostiziert und in empirischen Versuchen bestätigt (siehe *Herrnstein* und
Prelec (1991)). Doch auch wenn angenommen wird, daß sich Individuen am Grenznutzen ausrichten, wäre die gleiche Prognose zu treffen.
Das Gut mit dem höheren Grenznutzen im Vergleich zu dem Alterna-
tivgut würde vermehrt gewählt werden, so daß es schließlich zu einem
Ausgleich der Grenznutzen kommt.

Die dargestellten Zusammenhänge lassen sich mit Hilfe individueller Übergangswahrscheinlichkeiten abbilden. Der Einfachheit wegen
wird angenommen, daß es zwei Alternativen gibt, Gut A und Gut B.
Die individuelle Übergangswahrscheinlichkeit $\pi(1, \mathbf{x})$ gibt an, mit welcher Wahrscheinlichkeit Nachfrager i von Gut B zu Gut A wechselt.
Die „1" in dem Term $\pi(1, \mathbf{x})$ kennzeichnet das Ereignis einer Erhöhung
der Anzahl der Nachfrager des Gutes A, n_A, um Eins. $\mathbf{x}$ ist ein Vektor und beinhaltet all jene Determinanten, von denen die individuelle
Übergangswahrscheinlichkeit abhängt. Eine Illustrierung solcher Determinanten finden sich im vorangegangenen Kapitel 2. Ganz analog gibt
die individuelle Übergangswahrscheinlichkeit $\pi(-1, \mathbf{x})$ an, mit welcher
Wahrscheinlickeit Nachfrager i von Gut A zu Gut B wechselt. Wird
z.B. die Qualität des Gutes A verbessert, so haben Nachfrager nach
Gut A im Vergleich zu vorher eine geringere Veranlassung von Gut A
zu Gut B zu wechseln. Anders gewendet sinkt infolge der Verbesserung
des Gutes A die individuelle Übergangswahrscheinlichkeit $\pi(-1, \mathbf{x})$.

3.4 Übergangswahrscheinlichkeit und Mastergleichung

Ziel dieses Abschnittes ist es, eine Formel herzuleiten, um Aussagen über die zeitliche Veränderung der eindimensionalen Zufallsvariablen n_A treffen zu können. Die Größe n_A gibt die Marktnachfrage nach Gut A an. Zur Vereinfachung der Darstellung wird vorausgesetzt, daß jeder Nachfrager i pro marginaler Zeiteinheit eine Einheit des Gutes A oder eine Einheit des Gutes B nachfragt. Insgesamt gebe es n Nachfrager, deshalb gilt:

$$n = n_A + n_B.$$

n_B gibt die Anzahl der Nachfrager an, die in Zeitpunkt t Gut B nachfragen.

Zur Charakterisierung einer Zufallsvariablen gibt es mehrere Möglichkeiten. Zum einen kann eine Zufallsvariable über das ihr zu Grunde liegende Wahrscheinlichkeitsgesetz charakterisiert werden. So gibt es normalverteilte, binomialverteilte etc. Zufallsvariablen. Ist ein bestimmter Verteilungstyp gegeben, so kann eine Zufallsvariable durch sogenannte Momente näher charakterisiert werden. Die bekanntesten Momente sind sicherlich der Erwartungswert und die Varianz. Ohne einen ganz bestimmten Verteilungstyp zu unterstellen, wird hier eine approximative Bewegungsgleichung für den Erwartungswert $E(n_A)_t$ hergeleitet.

Ausgangspunkt der Überlegungen ist die sogenannte Mastergleichung. Die Mastergleichung gibt die Änderung der Wahrscheinlichkeit an, mit der der Zustand n_A erreicht wird, wenn sich die Zeit infinetesimal verändert. Die Mastergleichung lautet[5]

$$\frac{dpr(n_A;t)}{dt} = \sum_v [(w[-v;n_A+v]pr(n_A+v;t)$$

$$+w[v;n_A-v]pr(n_A-v;t) \tag{3.1}$$

$$-(w[-v;n_A]+w[v;n_A])pr(n_A;t)],$$

---

[5]Siehe z.B. *Haken* (1983) oder *Weidlich* und *Haag* (1983).

wobei $w[-v; n_A + v]$ die makroskopische Übergangswahrscheinlichkeit bezeichnet von Zustand $n_A + v$ auf Zustand n_A überzugehen. $pr(n_A + v, t)$ gibt dagegen die Wahrscheinlichkeit an, mit der Zustand $n_A + v$ in Zeitpunkt t erreicht wird ($v \epsilon \{1, 2, 3, ...\}$).

Eine Übergangswahrscheinlichkeit ist die durch das Vorliegen eines bestimmten Zustandes bedingte Wahrscheinlichkeit, einen bestimmten anderen Zustand zu erreichen. Die Multiplikation einer bedingten Wahrscheinlichkeit mit der Wahrscheinlichkeit des Eintrittes der Bedingung ergibt die unbedingte Wahrscheinlichkeit. So gibt

$$w[-v; n_A + v]pr(n_A + v; t)$$

die (unbedingte) Wahrscheinlichkeit an, mit der Zustand $n_A + v$ verlassen wird und Zustand n_A erreicht wird.

Die Summe

$$\sum_v [w[-v; n_A + v]pr(n_A + v; t) + w[v; n_A - v]pr(n_A - v; t)]$$

gibt die Wahrscheinlichkeit an, mit der Zustand n_A von einem beliebigen Punkt $n_A \pm v \neq n_A$ aus erreicht wird. Ganz analog gibt

$$\sum_v [(w[-v; n_A] + w[v; n_A])pr(n_A; t)]$$

die Wahrscheinlichkeit an, mit der Punkt n_A verlassen wird. Wird die folgende Definitionsgleichung

$$E(n_A)_t := \sum_{n_A=0}^{n} n_A pr(n_A; t) \tag{3.2}$$

nach t abgeleitet, so erhält man

$$\frac{dE(n_A)_t}{dt} = \sum_{n_A=0}^{n} n_A \frac{dpr(n_A; t)}{dt}. \tag{3.3}$$

Einsetzen von 3.1 in 3.3 ergibt (vgl. *Weidlich* und *Haag* (1983, S. 87-

90)):

$$\frac{dE(n_A)_t}{dt} = \sum_{n_A=0}^{n} \sum_v n_A[(w[-v; n_A + v]pr(n_A + v; t)$$

$$+w[v; n_A - v]pr(n_A - v; t) \tag{3.4}$$

$$-(w[-v; n_A] + w[v; n_A])pr(n_A; t)]$$

Diese Summe läßt sich vereinfachen. Zur Veranschaulichung der Argumentation werden die Summanden dieser Summe in geeigneter Weise graphisch angeordnet. Die Summanden, in denen $v = 1$, werden nach folgender Regel untereinander geschrieben: Schreibe alle Summanden der folgenden Summe

$$\frac{dE(n_A)_t}{dt} = \sum_{n_A=1}^{n} n_A[(w[-v; n_A + v]pr(n_A + v; t)$$

$$+w[v; n_A - v]pr(n_A - v; t)$$

$$-(w[-v; n_A] + w[v; n_A])pr(n_A; t)],$$

beginnend mit $n_A = 1$, untereinander. Hierdurch wird die erste Spalte der Matrix **M** definiert. Die zweite (dritte, usw.) Spalte der Matrix **M** ergibt sich, indem das zuvor für $v = 1$ geschilderte Verfahren für $v = 2$ ($v = 3$ usw.) wiederholt wird. Die Summe 3.4 ergibt sich aus der Matrix **M**, indem alle Elemente dieser Matrix aufsummiert werden (d. h. multipliziere **M** mit dem Einheitsvektor, transponiere diesen Vektor und multipliziere noch einmal mit dem Einheitsvektor).

Die Aufspaltung der Summe (siehe S. 39) erfolgt dergestalt, daß in der ersten Spalte $v = 1$, in der zweiten Spalte $v = 2$ usw. auftritt. In den ersten vier Zeilen ist $n_A = 1$, in den nächsten vier Zeilen ist $n_A = 2$ usw. usf. . Die einzelnen Summanden sollen nun etikettiert werden. Dem Summanden $w[-1,2]pr(2,t)$ (siehe Seite 39) soll das Tupel $(1,1)$ zugeordnet werden, dem Summanden $w[1,0]pr(0; t)$ wird das Tupel $(2,1)$ zugeordnet. In dem Tupel $(.,.)$ steht an der ersten Stelle die Zeilennummer und an der zweiten Stelle die Spaltennummer.

Die Größe n_A ist aus der Menge $\{0,1,2,3,...,n\}$. Die Wahrscheinlichkeit, daß n_A nicht aus der Menge $\{1,2,3,...,n\}$ ist, ist gleich Null (d.h. $pr(n_A,t) = 0$, für $n_A < 0$ oder $n_A > n$). Hieraus ergibt sich daß einige Summanden gleich Null zu setzen sind (z.B. die Summanden (2,2)) oder (4n-3,1). Die Übergangswahrscheinlichkeit $w[.,.]$ von einem Punkt aus der Menge $\{1,2,3,...,n\}$ zu einem Punkt außerhalb dieser Menge zu wechseln ist auch gleich Null. Aus diesem Grund sind entsprechende Summanden gleich Null zu setzen (z.B. Summand (3,2)) oder (4n,1).

Verschiedene Summanden einer Spalte können addiert werden. Zu diesem Zweck betrachte man Spalte Eins. Der Summand (1,1) kann mit dem Summanden (7,1) addiert werden. Allgemein gilt für Spalte Eins: Der Summand (1+a,1), $a\epsilon\{0,4,8,12,...\}$ kann mit dem Summanden (1+a+6,1) addiert werden. Der Summand (4,1) kann mit dem Summanden (6,1) addiert werden. Allgemein gilt, daß der Summand (4+a,1) $a\epsilon\{0,4,8,12,...\}$ mit dem Summanden (4+a+2,1) addiert werden kann. In der zweiten Spalte können folgende Summanden addiert werden: (1+a,2) mit (1+a+10,2) und (4+a,2) mit (4+a+6,2). Für Spalte v gilt allgemein: Summand $(1 + a, v)$ kann mit $(1 + a + 2 + 4v, v)$ und Summand (4+a,v) kann mit (4+a+2+(v-1)4,v) addiert werden.

Rein optisch sind die Summanden in Klassen zu je vier Summanden zusammengefaßt. Gemäß der Ausführungen im vorangegangenen Absatz, lassen sich in der ersten Spalte stets zwei Summanden aus einer Klasse mit zwei Summanden der nächsten Klasse kürzen. In Spalte zwei lassen sich stets zwei Summanden einer Klasse mit zwei Sumannden der übernächsten Klasse kürzen usw. usf. .

Aus den vorangegangenen Ausführungen ergibt sich, daß sich in der ersten Spalte die Summanden (4n-3,1) und (4n,1) nicht mit anderen Summanden verrechnen lassen. In Spalte zwei lassen sich die Summanden (2,2), (3,2) und die vier Summanden (4(n-1)-3,2), (4(n- 1),2), (4n-3,2) und (4n-3,2) nicht mit anderen Summanden verrechnen. Wie man sich jedoch leicht überzeugt, sind diese Summanden gleich Null zu setzen. Werden diese Vereinfachungen für jede Spalte durchgeführt, so erhält man die Summation, dargestellt auf Seite 40.

$$
= \left(
\begin{array}{ccc}
\begin{aligned}
& w[-1,2]pr(2;t) \\
& +w[1,0]pr(0;t) \\
& -w[-1,1]pr(1;t) \\
& -w[1,1]pr(1;t)
\end{aligned}
&
\begin{aligned}
& w[-2,3]pr(3;t) \\
& w[2,-1]pr(-1;t) \\
& -w[-2,1]pr(1,t) \\
& -w[2,1]pr(1,t)
\end{aligned}
& \ldots \\[2ex]
\begin{aligned}
& +2w[-1,3]pr(3;t) \\
& +2w[1;1]pr(1,t) \\
& -2w[-1,2]pr(2,t) \\
& -2w[1,2]pr(2,t)
\end{aligned}
&
\begin{aligned}
& +2w[-2,4]pr(4;t) \\
& +2w[2,0]pr(0,t) \\
& -2w[-2,2]pr(2,t) \\
& -2w[2,2]pr(2,t)
\end{aligned}
& \ldots \\[2ex]
\begin{aligned}
& +3w[-1,4]pr(4,t) \\
& +3w[1,2]pr(2,t) \\
& -3w[-1,3]pr(3,t) \\
& -3w[1,3]pr(3,t)
\end{aligned}
&
\begin{aligned}
& +3w[-2,5]pr(5,t) \\
& +3w[2,1]pr(1,t) \\
& -3w[-2,3]pr(3,t) \\
& -3w[2,3]pr(3,t)
\end{aligned}
& \ldots \\[2ex]
\begin{aligned}
& +4w[-1,5]pr(5,t) \\
& +4w[1,3]pr(3,t) \\
& -4w[-1,4]pr(4,t) \\
& -4w[1,4]pr(4,t)
\end{aligned}
&
\begin{aligned}
& +4w[-2,6]pr(6,t) \\
& +4w[2,2]pr(2,t) \\
& -4w[-2,4]pr(4,t) \\
& -4w[2,4]pr(4,t)
\end{aligned}
& \ldots \\[2ex]
\begin{aligned}
& +5w[-1,6]pr(6,t) \\
& +5w[1,4]pr(4,t) \\
& -5w[-1,5]pr(5,t) \\
& -5w[1,5]pr(5,t)
\end{aligned}
&
\begin{aligned}
& +5w[-2,7]pr(7,t) \\
& +5w[2,3]pr(3,t) \\
& -5w[-2,5]pr(5,t) \\
& -5w[2,5]pr(5,t)
\end{aligned}
& \ldots \\[2ex]
\vdots & \vdots & \vdots \\[2ex]
\begin{aligned}
& +(n-1)w[-1,n]pr(n,t) \\
& +(n-1)w[1,n-2]pr(n-2,t) \\
& -(n-1)w[-1,n-1]pr(n-1,t) \\
& -(n-1)w[1,n-1]pr(n-1,t)
\end{aligned}
&
\begin{aligned}
& +(n-1)w[-2,n+1]pr(n+1,t) \\
& +(n-1)w[2,n-3]pr(n-3,t) \\
& -(n-1)w[-2,n-1]pr(n-1,t) \\
& -(n-1)w[2,n-1]pr(n-1,t)
\end{aligned}
& \ldots \\[2ex]
\begin{aligned}
& +(n)w[-1,n+1]pr(n+1,t) \\
& +(n)w[1,n-1]pr(n-1,t) \\
& -(n)w[-1,n]pr(n,t) \\
& -(n)w[1,n]pr(n,t)
\end{aligned}
&
\begin{aligned}
& +(n)w[-2,n+2]pr(n+2,t) \\
& +(n)w[2,n-2]pr(n-2t) \\
& -(n)w[-2,n]pr(n,t) \\
& -(n)w[2,n]pr(n,t)
\end{aligned}
& \ldots
\end{array}
\right)
$$

$$
\mathbf{M} = \begin{pmatrix}
\begin{array}{c} 0 \\ +w[1,0]pr(0;t) \\ -w[-1,1]pr(1;t) \\ 0 \end{array} & \begin{array}{c} 0 \\ 0 \\ 0 \\ 0 \end{array} & \cdots \\
\\
\begin{array}{c} 0 \\ +w[1;1]pr(1,t) \\ -w[-1,2]pr(2,t) \\ 0 \end{array} & \begin{array}{c} 0 \\ +2w[2,0]pr(0,t) \\ -2w[-2,2]pr(2,t) \\ 0 \end{array} & \cdots \\
\\
\begin{array}{c} 0 \\ +w[1,2]pr(2,t) \\ -w[-1,3]pr(3,t) \\ 0 \end{array} & \begin{array}{c} 0 \\ +2w[2,1]pr(1,t) \\ -2w[-2,3]pr(3,t) \\ 0 \end{array} & \cdots \\
\\
\begin{array}{c} 0 \\ +w[1,3]pr(3,t) \\ -w[-1,4]pr(4,t) \\ 0 \end{array} & \begin{array}{c} 0 \\ +2w[2,2]pr(2,t) \\ -2w[-2,4]pr(4,t) \\ 0 \end{array} & \cdots \\
\\
\begin{array}{c} 0 \\ +w[1,4]pr(4,t) \\ -w[-1,5]pr(5,t) \\ 0 \end{array} & \begin{array}{c} 0 \\ +2w[2,3]pr(3,t) \\ -2w[-2,5]pr(5,t) \\ 0 \end{array} & \cdots \\
\vdots & \vdots & \cdots \\
\begin{array}{c} 0 \\ +(n-1)w[-1,n-2]pr(n-2,t) \\ -(n-1)w[-1,n-1]pr(n-1,t) \\ 0 \end{array} & \begin{array}{c} 0 \\ 2w[2,n-3]pr(n-3,t) \\ -2w[-2,n-1]pr(n-1,t) \\ 0 \end{array} & \cdots \\
\\
\begin{array}{c} 0 \\ +(n)w[-1,n-1]pr(n-1,t) \\ -(n)w[-1,n]pr(n,t) \\ 0 \end{array} & \begin{array}{c} 0 \\ +2w[2,n-2]pr(n-2t) \\ -2w[-2,n]pr(n,t) \\ 0 \end{array} & \cdots
\end{pmatrix}
$$

Die Summierung aller Elemente der Matrix **M** ergibt

$$\frac{dE(n_A)_t}{dt} = \sum_{n_A=0}^{n} \sum_{v} v(w[v; n_A] - w[-v; n_A])pr(n_A; t). \qquad (3.5)$$

Durch 3.5 wird der Erwartungswert

$$E(\sum_{v} v(w[v; n_A] - w[-v; n_A]))$$

berechnet. Es handelt sich bei Gleichung 3.5 um keine geschlossene Bewegungsgleichung für den Erwartungswert $E(n_A)_t$, da die Wahrscheinlichkeit $pr(n_A, t)$ noch auftritt. Wird zusätzlich vorausgesetzt, daß $pr(n_A; t)$ eine steile, in der Nähe des Erwartungswertes eingipflige Verteilung bleibt , erhält man eine sinnvolle approximative Bewegungsgleichung für den Erwartungswert

$$\frac{dE(n_A)_t}{dt} = \sum_{v} v(w[v; E(n_A)] - w[-v; E(n_A)]). \qquad (3.6)$$

Um den Übergang von der individuellen Ebene zur Marktebene zu bewerkstelligen, sind zusätzliche Voraussetzungen nötig. So wird der Einfachheit wegen vorausgesetzt, daß die individuellen Übergangswahrscheinlichkeiten $\pi(1, .)$ bzw. $\pi(-1, .)$ interindividuell einander gleich sind. Zur Beschreibung der Marktnachfrage sind „makroskopische" Übergangswahrscheinlichkeiten $w[., .]$ nötig. Die makroskopische Übergangswahrscheinlichkeit $w[v, .]$ gibt an, mit welcher Wahrscheinlichkeit v Nachfrager von Gut B zu Gut A wechseln. Die makroskopische Übergangswahrscheinlichkeit $w[-v, .]$ dagen gibt an, mit welcher Wahrscheinlichkeit v Nachfrager von Gut A zu Gut B wechseln. Wenn vorausgesetzt wird, daß die Nachfrager stochastisch unabhängig voneinander entscheiden, so erhält man den folgenden Zusammenhang zwischen individueller und makroskopischer Übergangswahrscheinlichkeit:[6]

$$w[v, .] = \binom{n - n_A}{v} \pi(1, .)^v (1 - \pi(1, .))^{n-n_A-v} \qquad (3.7)$$

---

[6]Es handelt sich hier um den gängigen Anwendungsfall der Binomialverteilung (siehe z.B. Bamberg und Baur (1980, S. 99f)).

und

$$w[-v,.] = \binom{n_A}{v} \pi(-1,.)^v (1 - \pi(-1,.))^{n_A - v}. \tag{3.8}$$

Werden die Gleichungen 3.7 und 3.8 in Formel 3.6 eingesetzt, so erhält man eine handhabbare Formel, die die zeitliche Veränderung des Erwartungswertes des Marktanteils des Gutes A approximativ beschreibt:

$$\begin{aligned}
\frac{1}{n}\frac{dE(n_A)_t}{dt} &= \frac{1}{n}[(n - E(n_A))\pi(1,.) - E(n_A)\pi(-1,.)] \\
&= \pi(1,.) - E(\tfrac{n_A}{n})(\pi(1,.) + \pi(-1,.)).
\end{aligned} \tag{3.9}$$

3.5 Die Herleitung von Nachfragefunktionen

Im Bereich der Innovationsforschung tut sich die Neoklassik schwer, wegen der ihren Modellen zu Grunde liegenden Annahme der vollkommenen Information. Andererseits erweisen sich die Darstellungen des Marktes als Zusammenspiel von Angebots- und Nachfragefunktionen als sehr nützlich. Die Herleitung erfolgt in der Neoklassik über statische Optimierungsansätze, die Annahme der vollkommenen Information schlägt sich in einer vollkommenen und widerspruchsfreien Präferenzordnung nieder. Alternativ zur neoklassischen oder suchmarkt-theoretischen Herleitung von Nachfragefunktionen lassen sich aus dem vorgestellten Modell ebenfalls Nachfragefunktionen herleiten.

Eine Nachfragefunktion spiegelt eine funktionale Beziehung zwischen Preis und Menge wider. Ein Punkt auf einer Nachfragefunktion einer Unternehmung spiegelt die Nachfragemenge wider, die c.p. auf das Unternehmen bei einem bestimmten Preis entfällt. Handelt es sich um eine stochastische Nachfragefunktion, so wird bei gegebenem Preis die erwartete Nachfragemenge zugeordnet.

Um das erklärte Ziel zu erreichen, ist lediglich Formel 3.9 zu betrachten. Durch Formel 3.9 wird die zeitliche Veränderung der erwarteten Nachfrage nach Gut A approximiert. Bleiben die Angebotsbedingungen unverändert, so wird nach hinreichend langer Zeit ein stabiler singulärer

Punkt der Differentialgleichung 3.9 erreicht. Ein singulärer Punkt einer Differentialgleichung ist dadurch definiert, daß die Differentialgleichung in diesem Punkt gleich Null ist.

Durch die Herleitung von Potentialfunktionen läßt sich das Verhalten von Differentialgleichungen leicht überprüfen. Die Potentialfunktion zu 3.9 erhält man durch Berechnung von[7]

$$\frac{d\,E(\frac{n_A}{n})}{d\,t} = \frac{-d\,Potential}{d\,E(\frac{n_A}{n})}.$$

Angenommen, die individuellen Übergangswahrscheinlickeiten seien konstant. In diesem Fall erhält man eine Potentialfunktion der Gestalt:

$$Potential = -\pi(1,.)E(\frac{n_A}{n}) + \frac{1}{2}E(\frac{n_A}{n})^2(\pi(1,.) + \pi(-1,.)). \qquad (3.10)$$

Die Potentialfunktion 3.10 ist graphisch in Diagramm 3.1 dargestellt. Man erkennt, daß sie ein Minimum aufweist. Die Steigung der Potentialfunktion ist im Minimum gleich Null, d.h. die Lage des Minimums der Potentialfunktion bezeichnet den singulären Punk der Differentialgleichung 3.9 bei konstanten individuellen Übergangswahrscheinlichkeiten.

Der Zusammenhang zwischen Potential- und Nachfragefunktion läßt sich jetzt leicht herstellen. Eine Verbesserung des Gutes A (z.B. eine Preissenkung) im Vergleich zu Gut B bewirkt eine Verringerung der individuellen Übergangswahrscheinlichkeit $\pi(-1,.)$ (vgl. die Ausführungen Seite 34). Dies bewirkt eine Verschiebung der Senke der Potentialfunktion (gemäß Formel 3.10) nach rechts. Nach einer hinreichend langen Anpassungszeit wird die Marktnachfrage nach Gut A durch den singulären Punkt der Differentialgleichung 3.9 beschrieben. Wird die Verschiebung der Potentialfunktion durch eine Preissenkung des Gutes

---

[7]Für weitere Erläuterungen siehe *Haken* (1983, S. 107). Eindimensionale Differentialgleichungen gehören zu der Klasse der sogenannten „Gradienten Systeme", wenn sie von einer Potentialfunktion ableitbar sind. Der große Vorteil von Gradienten Systemen liegt darin, daß die Art aller möglichen Bifurkationen für Parameterräume der Dimension kleiner oder gleich vier klassifiziert werden können (*Silverberg* (1988, S. 534f)).

Da die Anzahl an Nachfragern konstant ist und jeder Nachfrager annahmegemäß pro marginaler Zeiteinheit eine Einheit des einen oder anderen Gutes nachfragt, können die oben hergeleiteten Formeln ohne Probleme mit $\frac{1}{n}$ multipliziert werden.

Diagramm 3.1: Potentialfunktion

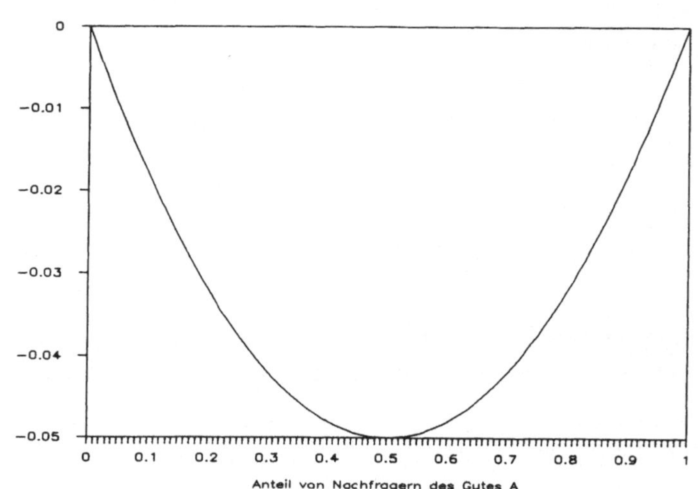

A hervorgebracht, so können die zu unterschiedlichen Preisen des Gutes *A* gehörenden Minima der Potentialfunktion in ein Preis- Mengendiagramm übertragen werden. Die Verbindung der Punkte in diesem Preis-Mengendiagramm ergibt dann eine stochastische Nachfragefunktion.

Im bislang behandelten Fall mit konstanten individuellen Übergangswahrscheinlicheiten ist die Herleitung von Nachfragefunktionen (oder besser die Herleitung von Punkten einer Nachfragefunktion) ohne Informationsverlust sinnvoll. Prinzipiell ließen sich auch in Fällen, in denen die individuellen Übergangswahrscheinlichkeiten in komplizierter Form von der Marktnachfrage abhängen, Nachfragefunktionen herleiten, doch erscheint dies wegen damit verbundenen Informationsverluste nicht sinnvoll. Denn Potentialfunktionen geben gleichzeitig Auskunft über die Stabilitätseigenschaften des betrachteten Systems. Diese Information ist in der Abbildung von Nachfragefunktionen nicht mehr enthalten.

Bei „nichtlinearen" Modellen sind mehrere Gleichgewichte oder sogar zyklisches Verhalten denkbar. Dann können keine Nachfragefunktionen im herkömmlichen Sinn mehr hergeleitet werden. So leiten *Granovetter* und *Soong* (1986, S. 87ff) im Falle von Bandwagoneffekten auch Nachfragefunktionen her. Ihr Vorgehen zur Herleitung von Nachfragefunktionen ist ganz ähnlich der hier vorgeschlagenen Methode. Anstatt auf das Konzept der Potentialfunktion zurückzugreifen, verwenden sie Phasendiagramme. Ihr Modell beruht auch auf der Annahme, daß jeder Nachfrager in jeder Periode eine Einheit eines Gutes kauft oder nicht. Die Nachfrager sind bei *Granovetter* und *Soong* (1986, S. 85ff) heterogen. Das Entscheidungsverhalten der Nachfrager wird dadurch charakterisiert, daß ein (potentieller) Nachfrager dann das in Frage stehende Gut kauft, wenn ein bestimmter Prozentsatz der Nachfrager, der sogenannten „Schwelle" (threshold), das Gut bereits kauft. Werden zusätzlich Snobeffekte berücksichtigt, so weisen *Granovetter* und *Soong* (1986, S. 91-94) die Möglichkeit von zyklischem Nachfrageverhalten und Chaos nach.[8] In der Tat gibt es einen Bereich, in dem dann keine Nachfragefunktionen im herkömmlichen Sinn mehr hergeleitet werden können (siehe insbesondere das Diagramm 7a in *Granovetter* und *Soong* (1986, S. 94)).

Zur Herleitung der approximativen Bewegungsgleichung des Erwartungswertes im Falle von Nichtlinearitäten wurde vorausgesetzt, daß die zeitabhängige Wahrscheinlichkeitsverteilung steil und in der Umgebung des Erwartungswertes eingipflig bleibt. Sollte dies nicht der Fall sein, dann spiegelt allerdings weder die Nachfrage- noch die obige Potentialfunktion den Marktprozeß adäquat wieder. Denn dann ist der Erwartungswert kein geeignetes Maß zur Abbildung des Marktprozesses (siehe *Weidlich* und *Haag* (1983)).

3.6   Schlußbemerkungen

Angenommen, im Ausbreitungszusammenhang blieben die Angebotsbedingungen über einen interessierenden Zeitraum unverändert. Aus der Sicht der Nachfrager werfen dann im Ausbreitungszusammenhang die beiden betrachteten Alternativen, Gut A und Gut B, sichere und konstante Erträge ab. Wird berücksichtigt, daß die Produktion von

---

[8]Im Gegensatz zu hier wird das Nachfrageverhalten bei *Granovetter* und *Soong* (1986) durch eine Differenzengleichung beschrieben. Deshalb ist bei ihnen chaotisches Verhalten möglich. Die Wahl des Gleichungstyps hat weitreichende Konsequenzen bezüglich der Stabilitätseigenschaften eines Systems.

Gütern nicht gleichförmig ist, sondern gewissen produktionsbedingten Schwankungen unterworfen sind, so sehen sich die Nachfrager im Ausbreitungszusammenhang zwei Alternativen gegenüber, wobei die Erträge einer jeden Handlungsalternative einem stochastischen Prozeß mit jeweils kontantem Erwartungswert des Ertrages gehorcht. In diesem Fall läßt sich ein Optimalitätskalkül aufstellen (Modell eines zweiarmigen Banditen), woraus sich ergibt, daß ein Individuum innerhalb endlicher Zeit nur noch eine Handlungsalternative wählen wird. Mit positiver Wahrscheinlichkeit besteht dann die Möglichkeit, daß dieses Individuum ausschließlich die schlechtere Alternative wählt (*Rothschild* (1974a)).

Realiter ist der „Ausbreitungszusammenhang" bei konstanten Angebotsbedingungen ein theoretisches Konstrukt, das nicht zuletzt zur besseren Verständigung zwischen Verfasser und Leser dient. Ob die Angebotsbedingungen in einer empirischen Untersuchung tatsächlich über den betrachteten Zeitraum als konstant angenommen werden können, sollte stets sorgfältig überprüft werden. Wenn Anbieter neue Handlungsmöglichkeiten zu erschließen suchen, so weiß ex ante niemand, ob die Angebotsbedingungen über einen interessierenden Zeitraum hinweg tatsächlich konstant bleiben. Deshalb ist die Annahme konstanter Angebotsbedingungen ex ante unrealistisch. Damit ist insbesondere das Modell eines zweiarmigen Banditen realitätsfern.

Erwartet ein Individuum, daß sich die erwarteten Erträge der beiden Alternativen im Zeitverlauf ändern können, so lohnt möglicherweise ein gelegentlicher Wechsel von einer Handlungsalternative zur anderen. Unter dieser Bedingung noch ein Optimalitätskalkül aufzustellen und zu lösen erscheint kaum möglich und doch sind Marktprozesse durch solche Situationen gekennzeichnet.

Als Ausweg wurde hier auf das Konzept von Übergangswahrscheinlichkeiten zurückgegriffen. Mit Hilfe der Mastergleichung läßt sich der Übergang von der individuellen Ebene zur Marktebene schaffen. Ohne Wehmutstroffen ist jedoch auch diese alternative Vorgehensweise nicht zu genießen. Dem vorgeschlagenen Instrumentarium unterliegt die Markov-Annahme. Das bedeutet, daß die individuellen Übergangswahrscheinlichkeiten nur von dem Ergebnis der vorangegangenen Periode abhängen und nicht auch von Ergebnissen weiter zurückliegender Perioden. Diese Annahme ist jedoch umso weniger gravierend, je schneller von Anbietern neue Handlungsmöglichkeiten erschlossen und angewendet werden und die Nachfrager auf Grund dieser Erfahrung mit Änderungen der Angebotsstruktur rechnen. Denn durch Neuerungshandeln der Anbieter werden bisherige Erfahrungen der Nachfrager obsolet.[9] Gleichzeitig wird jedoch die Trennung in Entstehungs- und Ausbreitungszusammenhang immer willkürlicher.

---

[9]Kürzlich hat *Arthur* (1991) einen Lernmechanismus vorgestellt, durch den das Lernverhalten einzelner Menschen gut simuliert werden kann. Der Grundgedanke ist recht einfach: Mit einer bestimmten Wahrscheinlichkeit wird eine Handlungsalternative aus einer gegebenen Menge von Handlungsalternativen gewählt. Das Ergebnis (der Payoff) dieses Prozesses wird zur Korrektur all der Wahrscheinlichkeiten benutzt, mit der die einzelnen Handlungsalternativen in der nächsten Periode gewählt werden. Zur Überprüfung dieses Lernmechanismus nutzt *Arthur* (1991) Daten einer Versuchsreihe zum Problem des „zweiarmigen Banditen". Die Versuchspersonen sehen sich also einer wohldefinierten Menge an alternativen Handlungsmöglichkeiten gegenüber. Wahrnehmungsprozesse spielen hier jedoch keine Rolle.

Kapitel 4

Lock-In's

4.1   Einleitung

In der klassischen Ökonomie wurde bislang ausschließlich Preiskonkurrenz zwischen Unternehmen, die homogene Güter anbieten, untersucht. Erst in jüngerer Zeit wird Qualitätskonkurrenz als Problem erkannt, das lohnt untersucht zu werden (*Smallwood* und *Conlisk* (1979), *Gerybadze* (1982), *Farrel* und *Saloner* (1985), *Arthur* (1989)). Hier wird Preis- und Qualitätskonkurrenz auf einem Markt mit zwei Substitutionsgütern beschrieben. Welche Wirkung haben Preis- oder Qualitätsänderungen auf den Marktprozeß?

Ein wichtiges Ergebnis bisheriger Untersuchungen ist, daß ein inferiores Gut (bzw. inferiore Technologie) unter bestimmten Bedingungen superiore Güter (bzw. superiore Technologien) dominiert (*Smallwood* und *Conlisk* (1979), *Arthur* (1989)). Es soll hier untersucht werden, unter welchen anderen Rahmenbedingungen ein Lock-In eines inferioren Gutes (resp. einer inferioren Technologie) zu erwarten ist.

Bei *Arthur* (1989) kann es auf Grund steigender Skalenerträge der Adoption zu einem Lock-In kommen. Steigende Skalenerträge der Adoption können verschiedene Ursachen haben. Folgende Ursachen werden zur Begründung angeführt (*Arthur* (1988a, S. 590ff)): a) Lernen durch Benutzung, b) Netzwerkexternalitäten, c) Skalenerträge in der Produktion, d) Steigende Skalenerträge der Information und e) technologische Interdependenz. Lernen durch Benutzung umschreibt den

Vorgang des Wissenserwerbs durch Benutzung. Je mehr ein Gut genutzt wird, desto mehr wird es fortentwickelt und verbessert. Bei mancher Technologie steigt der Nutzen dieser Technologie, je mehr Nachfrager diese Technologie nutzen. Man spricht dann von Netzwerkexternalitäten. Der Ausdruck Skalenerträge in der Produktion bezieht sich auf Produktionskosten, die mit steigender Ausbringungsmenge sinken. Steigende Skalenerträge der Information bedeuten (gemäß *Arthur* (1988a), daß sich risikoaverse Nachfrager an dem Ausmaß der Verbreitung einer Technologie orientieren können. Technologische Interdependenz bezieht sich auf die Infrastruktur einer Technologie. Je verbreiteter eine Technologie ist, desto größer ist das Angebot von Sub- Technologien, wodurch die Vorteilhaftigkeit der ersteren steigt.

Im folgenden Modell können sich Lock-Ins ergeben, weil Nachfrager sich bei ihrer Kaufentscheidung an der bisherigen Marktnachfrage orientieren und Wahrnehmungsprozesse berücksichtigt werden. Letzteres ist jedoch nicht der entscheidende Unterschied des hier verwendeten Konzeptes zu dem von *Arthur* (1989) gewählten Ansatz. Entscheidend ist der Unterschied in den zu Grunde gelegten Wahrscheinlichkeitsgesetzen.

Bei *Arthur* (1989) handelt es sich um einen Geburtsprozeß, wobei in jeder Periode (mit Wahrscheinlichkeit $\frac{1}{2}$) entweder ein Nachfrager Typ „R" oder ein Nachfrager Typ „S" am Markt auftritt. Zur Auswahl stehen zwei Technologien, A und B. Eine dieser Technologien wird in jeder Periode von einem Nachfrager gewählt. Ein Nachfrager „R" hat eine natürliche Präferenz für Technologie A und ein Nachfrager „S" hat eine natürliche Präferenz für Technologie B. Zusätzlich hängt die Entscheidung eines jeden Nachfragertyps von der Häufigkeit n_A, mit der in den vergangenen Perioden Gut A nachgefragt wurde, *und* der Anzahl derjenigen Nachfrager n ab, die bis zum gegenwärtigen Zeitpunkt nachgefragt haben. Hierdurch wird das Phänomen der steigenden Skalenerträge der Adoption abzubilden versucht. Wird auf Grund steigender Skalenerträge der Adoption für einen Nachfrager „R" Gut B vorteilhafter, so fragen schließlich beide Nachfragetypen nur noch Gut B nach. Es kommt zu einem Lock-In, wobei Zufallsfluktuationen keinen Einfluß mehr haben.

Im Gegensatz hierzu kann es bei der in diesem Buch verwendeten Methode geschehen, daß ein Lock-In durch Zufallsfluktuationen zu einem neuen Gleichgewicht führt. Abgesehen von den Fällen, in denen absorbierende Zustände existieren, werden Marktzustände mit positiver Wahrscheinlichkeit wieder verlassen (*Arthur* (1988, S. 24)). Es handelt sich bei der hier verwendeten Methode vielmehr um die Konvergenz in der Verteilung statt einer strengen Konvergenz, hin zu einem Punkt.[1]

Zudem interessiert die Frage, wie Lock-In's überwunden werden können. Im Rahmen des folgenden Modells wird deshalb untersucht, wie der Lock-In eines inferioren Gutes überwunden werden kann.

Gegenstand der Untersuchung sind zwei kurzlebige Güter, von denen eines der beiden von jedem Nachfrager in jeder Periode nachgefragt wird. Es wird davon ausgegangen, daß weder Anbieter noch Nachfrager „unendlich schnell" auf veränderte Rahmenbedingungen reagieren, kein Marktteilnehmer besitzt vollkommene Marktübersicht. Unternehmen setzen bei gegebenen gesetzlichen Rahmenbedingungen die „Eckdaten" für die Nachfrager, d.h. es werden ex ante Art, Aussehen, Eigenschaften, Qualität und Preis eines Gutes bestimmt. Die Konsumenten entscheiden über Erfolg oder Mißerfolg der Unternehmensentscheidung (vgl. *Kerber* (1991, S. 15ff)). Damit wird die Bedeutung der Nachfrageseite für die kurzfristige Marktentwicklung unterstrichen.

Die Zielsetzung deckt sich zum Teil mit der von *Conlisk* und *Smallwood* (1979). *Smallwood* und *Conlisk* (1979) untersuchen die Aufteilung der Nachfrager auf die Anbieter heterogener Güter, wobei sich die Nachfrager an die Angebotsbedingungen passiv anpassen (Adaptionsmodell). Letztendlich interessieren sie sich jedoch für die Frage, ob im Verlauf des Marktprozesses bei gegebenen unterschiedlichen Qualitäten der Güter, superiore Güter inferiore Güter verdrängen und unter welchen Bedingungen dies nicht der Fall ist. Mit anderen Worten wird untersucht, unter welchen Bedingungen zumindest temporär ineffiziente Marktergebnisse zu erwarten sind.

Die Modellspezifikation des vorgestellten Modells unterscheidet sich allerdings von der von *Smallwood* und *Conlisk* (1979). Im Gegensatz zu *Smallwood* und *Conlisk* (1979) wird hier der Marktprozeß explizit beschrieben. Es werden jedoch nur zwei Substitutionsgüter betrach-

---

[1]Siehe *Arthur* (1988a, 1988, S. 23f). Er etikettiert die in diesem Buch verwendete Methode mit dem Ausdruck „Recontracting Model" bzw. „Recontracting Process".

tet, wogegen *Smallwood* und *Conlisk* (1979) viele Güter betrachten und untersuchen, unter welchen Bedingungen Unternehmen, die inferiore Güter anbieten, am Markt überleben.

Es werden zwei Modellvarianten betrachtet. In der ersten Version wird das Angebot konstant gehalten. Die Marktdynamik wird allein durch die Nachfrageseite erzeugt. Mit seiner Hilfe wird nicht erklärt wie und wann es zu Neuerungen kommt, noch wie eine Neuerung (resp. Qualitätsänderung) beschaffen ist. Es interessiert vor allem die Frage, unter welchen Bedingungen es zu Lock-In's kommen kann.

Das Ausgangsmodell wird dann erweitert. Angebotsreaktionen werden zugelassen. Es wird der Dyopolfall betrachtet, in dem die Anbieter sich gemäß der Satisficing-Hypothese verhalten. Folgende Fragen interessieren: Kommt es unter diesen Bedingungen vielleicht gar nicht zu einem Lock-In? Ist zyklisches Verhalten denkbar oder strebt der Prozeß hin zu einem stabilen Zustand? Worin unterscheidet sich das erweiterte Modell von dem Ausgangsmodell? Unter welchen Bedingungen kann das Ausgangsmodell als gute Approximation des erweiterten Modells angesehen werden?

4.2 Das Modell

4.2.1 Modellannahmen und Modellspezifikation

Der Einfachheit wegen werden nur zwei in Konkurrenz stehende heterogene Güter betrachtet: Gut A und Gut B. Die Güter sind hinsichtlich ihrer Preise und bezüglich ihrer Qualität bei Benutzung unterschiedlich. Der Preis kann am Markt erfragt werden, die Qualität erweist sich jedoch erst bei Benutzung.[2] Es wird davon ausgegangen, daß die Menge der Nachfrager $N = \{i_1, i_2, i_3, ..., i_n\}$ gegeben ist. Die Menge N ist in zwei disjunkte Mengen aufgespalten, in die Menge N_A und die Menge N_B. N bezeichnet hierbei die Menge an Nachfragern nach dem jeweiligen Gut. Zu jedem Zeitpunkt entscheiden sich alle n Nachfrager, eines der beiden Güter zu kaufen.

Falls sich die Qualität nicht ändern würde, den Konsumenten die gemeinsame, zeitabhängige Verteilung von Preis und Qualität bekannt

---

[2]In der Terminologie von *Nelson* (1970) handelt es sich um Erfahrungsgüter.

wäre und alle Konsumenten in der Lage oder willens wären, die Güter
selbst zu beurteilen, so könnte man an der Entscheidungsregel von *Hey*
und *McKenna* (1981) anknüpfen. Hier werden allerdings Qualitätsänderungen zugelassen und die gemeinsame, zeitabhängige Verteilung von
Preis und Qualität ist den Konsumenten unbekannt. Es ist mit *Schmalensee* (1975, s. bes. S. 337) zu vermuten, daß sich Suchhandlungen
lohnen, da Unternehmen bei Qualitätsänderungen, die für Konsumenten Verschlechterungen darstellen, keinen Anreiz haben, eine Qualitätsverschlechterung als solche auszuweisen.

Die Vorteilhaftigkeit eines Gutes wird durch die Übergangswahrscheinlichkeit ausgedrückt, mit der ein Individuum von einem Gut zum
anderen wechselt. Die Wahrscheinlichkeit, mit der ein Individuum auf
Grund seines autonomen Urteils von Gut A zu Gut B wechselt wird
mit $\pi(-1,.)$ bezeichnet ($\pi(1,.)$ ist entsprechend zu interpretieren) und
hängt von Preis und Qualität ab.[3]

Die Qualität des Gutes A (B) ist negativ und der Preis des Gutes
A (B) ist positiv mit der Übergangswahrscheinlichkeit $\pi(-1,.)$ ($\pi(1,.)$)
korreliert. Die Konsumenten können sich bei der Beurteilung der Güter
ausschließlich auf ihr eigenes Urteil stützen (Fall 1), ausschließlich von
dem Urteil anderer Konsumenten beeinflußt sein (Fall 2) oder einer
Kombination von beiden anhängen.[4]

Fall 1

Die Wahrscheinlichkeit, daß sich ein Nachfrager i pro marginaler Zeiteinheit autonom entscheidet sei gleich q. Ein Teil der Nachfrager verwendete zuvor Gut A zum anderen Teil Gut B. Der relative Anteil
der Nachfrager, der zum Zeitpunkt t Gut A anwendet, wird mit $\frac{n_A}{n}$ bezeichnet. Die individuelle Übergangswahrscheinlichkeit $\pi(1,.)$ gibt die
Wahrscheinlichkeit an, mit der ein Individuum von Gut B zu Gut A
wechselt unter der Bedingung, daß er autonom entscheidet. Die Größe

---

[3]Genauer besehen ist die Größe $\pi(.,.)$ von den Instrumentvariblen der Unternehmen aber auch von Normvorstellungen abhängig. Es soll hier ausdrücklich betont
werden, daß nicht die „objektiven" Eigenschaften eines Gutes zählen, sondern in
welchem Licht ein Konsument ein bestimmtes Gut wahrnimmt.

[4]Im letzteren Falle ändert sich die Struktur des Modells nicht, weshalb dieser
Fall nicht behandelt wird.

$q\pi(1,.)$ gibt dann die Wahrscheinlichkeit an, mit der ein Individuum autonom von Gut B zu Gut A wechselt. Ganz analog gibt die Größe $q\pi(-1,.)$ die individuelle Übergangswahrscheinlichkeit an, von Gut A zu Gut B zu wechseln.

Um den Übergang von der mikroskopischen zur makroskopischen Ebene zu bewerkstelligen, wird angenommen, daß die Wahrscheinlichkeit, daß v Individuen pro marginaler Zeiteinheit von einem zum anderen Gut wechseln, binomialverteilt ist.[5] Der Zusammenhang zwischen individueller Übergangswahrscheinlichkeit $\pi(.,.)$ und der makroskopischen Übergangswahrscheinlickeit $w[,.,]$ stellt sich dann wie folgt dar:

$$w^a[v; n_A, q, \pi(1; .)] = \binom{n - n_A}{v}(q\pi(1,.))^v(1 - q\pi(1,.))^{n - n_A - v} \quad (4.1)$$

bzw.

$$w^a[-v; n_A, q, \pi(-1,.)] = \binom{n_A}{v}(q\pi(-1,.))^v(1 - q\pi(-1,.))^{n_A - v}. \quad (4.2)$$

Werden die Gleichungen 4.1 und 4.2 in Formel 3.6 eingesetzt, so erhält man die approximative Bewegungsgleichung für den Erwartungswert $E(n_A)$:

$$
\begin{aligned}
\frac{d\,E(n_A)^a}{d\,t} &= qn(1 - E(\tfrac{n_A}{n}))\pi(1,.) - qnE(\tfrac{n_A}{n})\pi(-1,.) \\[2mm]
&= qn\pi(1,.) - qnE(\tfrac{n_A}{n})[\pi(1,.) + \pi(-1,.)].
\end{aligned}
\quad (4.3)
$$

Er beschreibt die Bewegung des Erwartungswertes $E(n_A)^a_t$ des Teils der Nachfrager, die autonom entscheiden.

Fall 2

Die Welt ist für den Einzelnen komplex, andererseits entsteht auf einem Markt eine Ordnung, die, von niemandem geplant, Informationen erzeugt, an denen sich der Mensch ausrichten kann. Statt selbst die

---

[5]Anders gewendet wird vorausgesetzt, daß die Individuen stochastisch unabhängig voneinander entscheiden.

Bewertung ihm unbekannter Güter vorzunehmen, kann auf Marktinformationen zurückgegriffen werden. Worin bestehen diese Marktinformationen? In der Ökonomie wurde bislang fast ausschließlich an Preise als einzige Information gedacht, die der Markt bereitstellt. Die Wirtschaftssubjekte werden meist als unabhängig voneinander handelnde Individuen betrachtet. Dabei wird verkannt, daß z.B. der Marktanteil eines Unternehmens oder die Verbreitung eines Gutes als Kriterium für die Vorteilhaftigkeit eines Gutes dienen kann und dazu geeignet ist, Suchkosten zu verringern.[6]

Deshalb wird angenommen, daß mit Wahrscheinlichkeit $(1 - q)$ ein Nachfrager bei seinem Urteil über die Vorteilhaftigkeit des einen oder anderen Gutes ausschließlich auf das bisherige Marktergebnis vertraut. Dies mag daran liegen, daß die Nachfrager der Funktionsfähigkeit des Marktes vertrauen, oder daß die Nachfrager sich außer Stande sehen, eine Beurteilung der Güter selbst vorzunehmen. In jedem Fall orientieren sich Nachfrager dieser Population aus Nutzen-Kostenerwägungen an dem bisherigen Marktergebnis.

Hat ein Gut einen besonders hohen Marktanteil erreicht, so wird dies als Zeichen für eine hohe Vorteilhaftigkeit relativ zum anderen Gut gewertet. Die Wahrscheinlichkeit, daß ein Nachfrager von Gut B zu Gut A wechselt, unter der Bedingung, daß er es wahrgenommen hat, sei gleich $\frac{n_A}{n}$. Die Individuen besitzen jedoch keine vollkommene Marktübersicht und verarbeiten die erhaltenen Marktinformationen nur unvollkommen. Je verbreiteter ein Gut jedoch ist, desto eher ist zu vermuten, daß ein Individuum es wahrnimmt. Deshalb wird angenommen, daß die Wahrscheinlichkeit, mit der ein Nachfrager das nicht verwendete Gut wahrnimmt, durch dessen Anteil an der Gesamtnachfrage gemessen werden kann. Die individiduelle Übergangswahrscheinlichkeit $\pi^i[1; n_A]$, daß ein Konsument in der vorherigen Periode Gut B (A) nachfragte und nun Gut A (B) wahrnimmt und sich für Gut A (B) entscheidet, hat dann die folgende Gestalt:

$$\pi^i[1; n_A] = \left(\frac{n_A}{n}\right)^2, \tag{4.4}$$

---

[6]Zugegebenermaßen ist dies *eine* — aber plausible — Möglichkeit Suchkosten zu sparen. In die gleiche Richtung argumentieren auch *Smallwood* und *Conlisk* (1979)

bzw. im umgekehrten Fall:

$$\pi^i[-1; n_A] = (1 - \frac{n_A}{n})^2. \tag{4.5}$$

$\pi^i(.,.)$ ist eine in zweifacher Hinsicht bedingte Wahrscheinlichkeit. Zum einen hängt $\pi^i(.,.)$ davon ab, welches Gut zuvor nachgefragt wurde. Die zweite Bedingung ist, daß Nachfrager i nicht autonom entscheidet. Die Wahrscheinlichkeit, daß ein Individuum sich nicht autonom entscheidet und von Gut B zu Gut A wechselt ist gleich[7]

$$(1 - q)(\frac{n_A}{n})^2 \tag{4.6}$$

und die Wahrscheinlichkeit, daß ein Individuum sich nicht autonom entscheidet und von Gut A zu Gut B wechselt ist

$$(1 - q)(1 - \frac{n_A}{n})^2. \tag{4.7}$$

Die makroskopische Wahrscheinlichkeit $w^i[v,.]$, daß v Nachfrager, die bislang Gut B nachfragten, zu Gut A wechseln, ist bei stochastisch unabhängig voneinander handelnden Individuen binomialverteilt:

$$w^i[v, n_A, q] = \binom{n - n_A}{v}((1-q)\pi(1,.))^v(1-(1-q)\pi(1,.))^{n-n_A-v}. \tag{4.8}$$

Andererseits ist die makroskopische Übergangswahrscheinlichkeit, daß v Individuen von Gut A zu Gut B wechseln, $w^i[-v,.]$, ebenfalls binomialverteilt und gleich

$$w^i[-v, n_A, q] = \binom{n_A}{v}((1-q)\pi(-1,.))^v(1-(1-q)\pi(-1,.))^{n_A-v}. \tag{4.9}$$

Die approximative Bewegungsgleichung für den Erwartungswert

$$\frac{d\,E(n_A)^i}{d\,t}$$

---

[7]Es ist zu beachten, daß durch die vorgenommene Verknüpfung nur eine Bedingung aufgehoben wurde.

erhält man durch Einsetzen der Gleichungen 4.8 und 4.9 in Formel 3.6:

$$\frac{d\,E(n_A)^i}{d\,t} =$$

$$n(1 - E(\tfrac{n_A}{n}))(1 - q)(E(\tfrac{n_A}{n}))^2 - nE(\tfrac{n_A}{n})(1 - q)(1 - E(\tfrac{n_A}{n}))^2. \tag{4.10}$$

Insgesamt wird der Marktprozeß durch die Differentialgleichungen 4.10 und 4.3 beschrieben. Beide Gleichungen lassen sich zu einer Differentialgleichung

$$\frac{d\,E(\tfrac{n_A}{n})}{d\,t} = \frac{d\,E(\tfrac{n_A}{n})^a}{d\,t} + \frac{d\,E(\tfrac{n_A}{n})^i}{d\,t}$$

$$= q\pi(1,.) + E(\tfrac{n_A}{n})[-q(\pi(1,.) + \pi(-1,.)) + (q - 1)]$$

$$+(E(\tfrac{n_A}{n}))^2 3(1 - q) - (E(\tfrac{n_A}{n}))^3 2(1 - q). \tag{4.11}$$

zusammenfassen. Durch Gleichung 4.11 wird dann der Marktprozeß beschrieben.

4.2.2 Modellimplikate

Bei Gleichung 4.11 handelt es sich um eine kubische Gleichung. Durch folgende Transformation

$$E(\frac{n_A}{n}) = y + \frac{1}{2}, q \neq 1 \tag{4.12}$$

läßt sich die kubische Gleichung auf die reduzierte Form (*Rottmann* (1969, S. 14ff):

$$y^3 + 3\alpha y + 2\beta \tag{4.13}$$

bringen. Hierbei sind die Parameter folgendermaßen definiert:

$$\alpha = \frac{-1}{12} + \frac{q}{1 - q}\frac{\pi(1;.) + \pi(-1;.))}{6}, \tag{4.14}$$

$$\beta = \frac{q(\pi(1;.) - \pi(-1;.))}{-8(1 - q)}. \tag{4.15}$$

Die kubische Gleichung besitzt drei reelle, voneinander verschiedene Lösungen, wenn

$$\beta^2 + \alpha^3 < 0. \tag{4.16}$$

Sie besitzt drei reelle Lösungen, von denen mindestens zwei gleich sind, wenn

$$\beta^2 + \alpha^3 = 0. \tag{4.17}$$

Schließlich ergeben sich eine reelle und zwei konjugiert komplexe Lösungen, wenn

$$\beta^2 + \alpha^3 > 0. \tag{4.18}$$

Im [8] nachfolgenden Text wird von einer „ hinreichend großen Wahrscheinlichkeit q, mit der Konsumenten autonom entscheiden" gesprochen. Dies soll nichts anderes bedeuten, als daß Ungleichung 4.18 gilt.

---

[8]Angenommen, die Ungleichung 4.16 trifft zu. Dann erhält man mit

$$cos\phi = \frac{-\beta}{((-\alpha)^3)^{\frac{1}{2}}}$$

folgende Lösungen der reduzierten Gleichung

$$
\begin{aligned}
y_1 &= 2(-\alpha)^{\frac{1}{2}} cos(\tfrac{\phi}{3}) \\
y_2 &= -2(-\alpha)^{\frac{1}{2}} cos(\tfrac{\phi}{3} + 60°) \\
y_3 &= -2(-\alpha)^{\frac{1}{2}} cos(\tfrac{\phi}{3} - 60°).
\end{aligned}
\tag{4.19}
$$

Sollte Ungleichung 4.18 oder Gleichung 4.17 gelten, so sind die Lösungen der reduzierten Gleichung durch

$$
\begin{aligned}
y_1 &= \tilde{u} + \tilde{v}, \\
y_2 &= -\tfrac{\tilde{u}+\tilde{v}}{2} + \tfrac{i}{2}3^{\frac{1}{2}}(\tilde{u} - \tilde{v}), \\
y_3 &= -\tfrac{\tilde{u}+\tilde{v}}{2} - \tfrac{i}{2}3^{\frac{1}{2}}(\tilde{u} - \tilde{v}), mit \\
\tilde{u} &= (-\beta + (\beta^2 + \alpha^3)^{\frac{1}{2}})^{\frac{1}{3}} \\
\tilde{v} &= (-\beta - (\beta^2 + \alpha^3)^{\frac{1}{2}})^{\frac{1}{3}}
\end{aligned}
\tag{4.20}
$$

gegeben.

Diagramm 4.1: Potentialfunktion

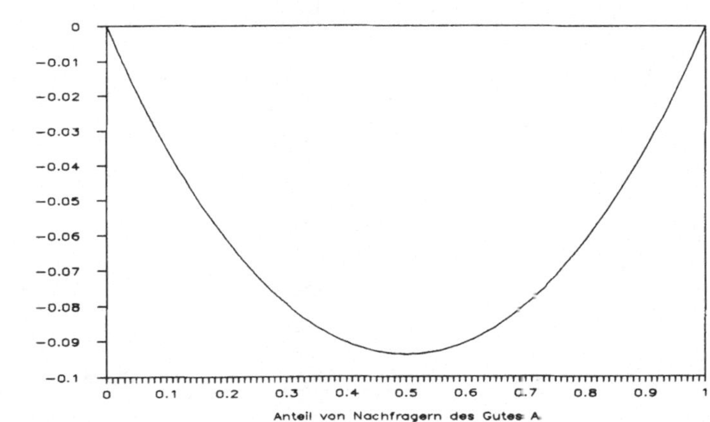

$$(q = 0,8; \pi(-1,.) = 0,5; \pi(1,.) = 0,5)$$

Umgekehrt bedeutet die im folgenden benutzte Redewendung "hinreichend geringe Wahrscheinlichkeit q, mit der sich ein Konsument autonom entscheidet", daß Ungleichung 4.16 zutrifft. Die durch Gleichung 4.11 beschriebenen Charakteristika des Marktes werden mit Hilfe graphischer Darstellungen der Potentialfunktion kenntlich gemacht. Die Potentialfunktion zu 4.11 lautet:

$$Potential = -[q\pi(1,.)E(\tfrac{n_A}{n})$$

$$+\frac{(E(\tfrac{n_A}{n}))^2}{2}[-q(\pi(1,.) + \pi(-1,.)) + (q-1)] \tag{4.21}$$

$$+(E(\tfrac{n_A}{n}))^3(1-q) - (E(\tfrac{n_A}{n}))^4\tfrac{1-q}{2}].$$

An der Ordinate der Diagramme ist das Potential und an der Abszisse ist $\frac{n_A}{n}$ abgetragen.

Bei hinreichend hoher Wahrscheinlichkeit q, mit der sich Konsumenten autonom entscheiden, und gleicher Beurteilung der Güter durch diese Konsumenten sagt das Modell eine gleiche Aufteilung der Nachfrage auf beide Unternehmen voraus (siehe Diagramm 4.1). Werden die Güter von den Komsumenten jedoch ungleich bewertet, so verschiebt

Diagramm 4.2: Potentialfunktion

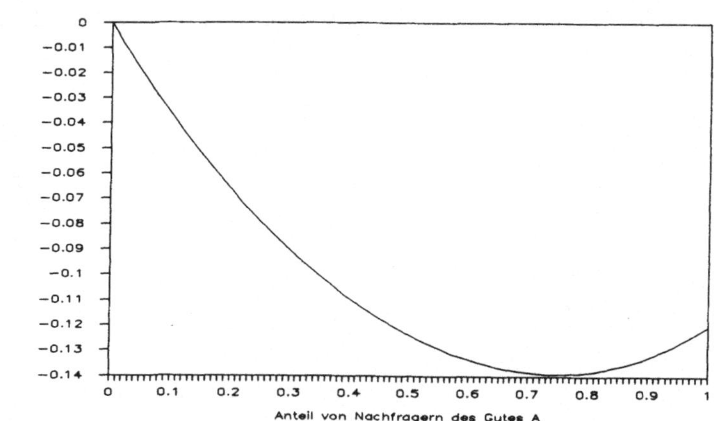

$$(q = 0,8; \pi(-1,.) = 0,2; \pi(1,.) = 0,5)$$

Diagramm 4.3: Potentialfunktion

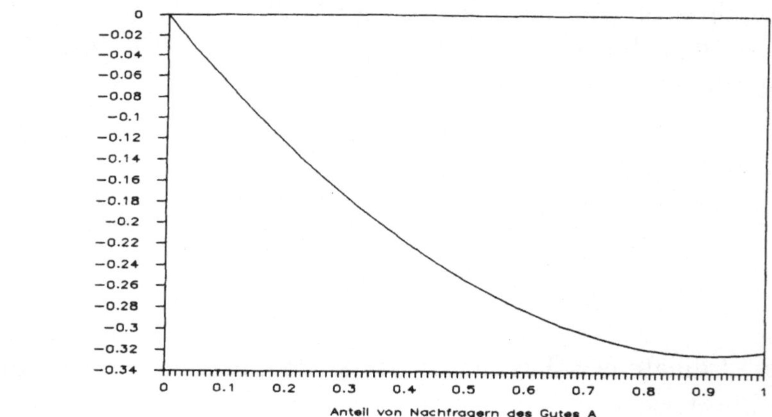

$$(q = 0,8; \pi(-1,.) = 0,1; \pi(1,.) = 0,9)$$

Diagramm 4.4: Potentialfunktion

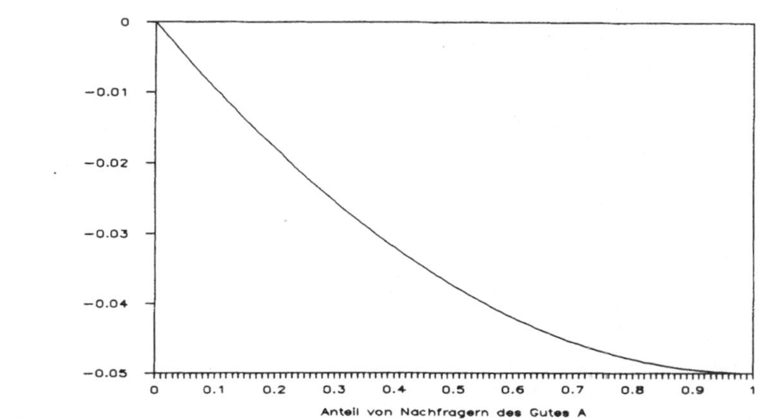

$$(q = 1; \pi(-1,.) = 0; \pi(1,.) = 0,1)$$

sich — wie nicht anders zu erwarten — die Talsohle der Potentialfunktion in Richtung des relativ als vorteilhaft empfundenen Gutes (siehe Diagramm 4.2). Verstärkt sich das Ungleichheit in der Bewertung der Güter, so verringert sich der Marktanteil des unvorteilhafteren Gutes (siehe Diagramm 4.3). So lange jedoch Nachfrager des vorteilhafteren Gutes Suchverhalten an den Tag legen, verschwindet die Nachfrage nach dem unvorteilhafteren Gut nicht völlig. Wenn jedoch $\pi(-1,.) = 0$ und q hinreichend groß ist, entfällt z.B. die gesamte Nachfrage auf das vorteilhaftere Gut A, ganz unabhänig davon, wie groß $\pi(1,.) > 0$ ist (siehe Diagramm 4.4).[9]

Das Modell erlaubt es, Produktvielfalt abzubilden. Wenn Nachfrager Suchverhalten an den Tag legen, so wird auch auf die Unternehmen, die inferiore Güter anbieten, Marktnachfrage entfallen. Sie werden nicht, wie in einfachen neoklassischen Darstellungen der vollkommenen Konkurrenz, vom Markt gefegt. In dem Grenzfall, in dem Nachfrager „im Optimum" verharren (d.h. $\pi(-1,.) = 0$), ergibt sich das gleiche Marktergebnis wie in einfachen neoklassischen Marktdar-

---

[9]Für $q = 1$ wird 4.11 zu einer Gleichung, die in $\frac{n_A}{n}$ linear ist. Die zugehörige Potentialfunktion ist eine Parabel.

Diagramm 4.5: Potentialfunktion

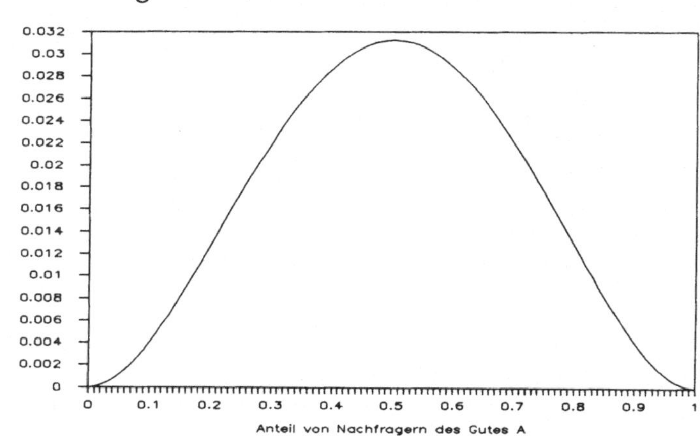

$$(q = 0,0; \pi(-1,.) = 0,1; \pi(1,.) = 0,8)$$

stellungen.

Wenn die Wahrscheinlichkeit q, mit der ein Konsument autonom entscheidet, hinreichend groß ist, so ist der Marktprozeß durch Preisvariation merklich beeinflußbar. Das in den Augen der Nachfrager bessere Gut wird einen größeren Marktanteil erobern als das inferiore Gut. Die Marktentwicklung führt c.p. nicht zu einem Lock-In eines bestimmten Gutes.

Angenommen, die Wahrscheinlichkeit q, mit der ein Konsument autonom entscheidet, sei gleich Null. In diesem Fall existieren drei Gleichgewichte, wovon zwei stabil sind (siehe Diagramm 4.5). Die stabilen Gleichgewichte sind dadurch charakterisiert, daß entweder der eine oder der andere Anbieter vom Markt verdrängt wird. Diese Veränderung der Potentialfunktion ist durch den Bandwagoneffekt (*Leibenstein* (1950)) zu erklären. In dem speziellen Fall $q = 0$ haben die Größen $\pi(1,.)$ und $\pi(-1,.)$ keinen Einfluß auf die Potentialfunktion 4.21.

Bei hinreichend geringem, aber positven q und gleicher Beurteilung der Güter durch diese Konsumenten ergeben sich ebenfalls drei Gleichgewichte; zwei stabile und ein instabiles (siehe Diagramm 4.6). Obwohl die Güter in den Augen der autonom entscheidenden Konsu-

Diagramm 4.6: Potentialfunktion

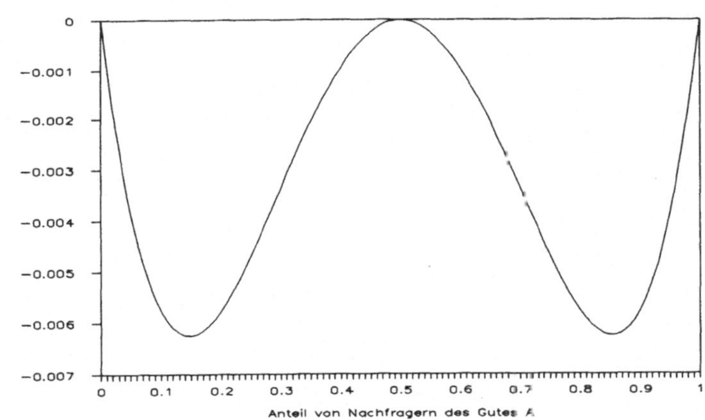

$$(q = 0,2; \pi(-1,.) = 0,5; \pi(1,.) = 0,5)$$

menten als gleichwertig eingestuft werden, ist eine ungleiche Aufteilung der Nachfrage auf die beiden Anbieter zu erwarten, ein Marktergebnis, das für die weitere Marktentwicklung weitreichende Konsequenzen zeitigen kann. Ist das Unternehmen, das durch diesen Effekt bevorteilt wird (z.B. Unternehmen A), in der Lage Skalenvorteile der Produktion auszunutzen und bereit, diese Vorteile an Konsumenten weiterzugeben (d.h. $\pi(-1,.)$ sinkt c.p.), so kann Unternehmen A seinen Marktanteil weiter vergrößern (siehe Diagramm 4.7).

Angenommen, es hätte sich eine Marktaufteilung zu Gunsten des Gutes B eingestellt, d.h. $\frac{n_A}{n} < 0,5$. Kann dann der Anbieter des Gutes A eine Verbesserung seiner Marktstellung erreichen, indem Gut A (bei gegebenem q) für die Konsumenten sichtbar attraktiver gestaltet wird (d.h. indem $\pi(-1,.)$ verringert wird)? Die Antwort lautet prinzipiell ja, doch der Aufwand, den der Anbieter des Gutes A erbringen müßte, wäre womöglich beträchtlich (siehe die Diagramme 4.6 und 4.7). Bei geringfügigen, von den Konsumenten wahrgenommenen Verbesserungen steigen zwar die Chancen für Anbieter A seine Marktstellung zu verbessern, doch die Potentialfunktion besitzt noch immer zwei stabile Gleichgewichte. Erst bei drastischen, für autonom entscheidende

Diagramm 4.7: Potentialfunktion

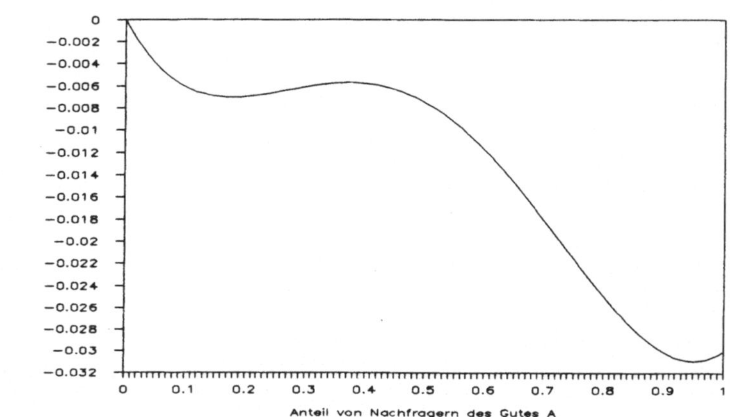

$$(q = 0,2; \pi(-1,.) = 0,2; \pi(1,.) = 0,5)$$

Konsumenten wahrnehmbaren Differenzen zwischen den Gütern, besitzt die Potentialfunktion nur noch ein stabiles Gleichgewicht (Diagramm 4.8).[10] Hat jedoch der Anbieter des Gutes A tatsächlich seine Marktposition verbessert und $(\frac{n_A}{n}) > 0,5$, so wird seine Marktposition durch den Anbieter des Gutes B schwerlich gefährdet. So schwer die Verbesserung der Marktsituation für Anbieter A auch war, so schwer ist es nun für Anbieter B, seinen Marktanteil zu vergrößern. Es kommt zu einem (erneuten) Lock-In.

Es stellt sich die Frage, wie der Lock-In eines inferioren Gutes bei

---

[10]Im Speziellen gelten folgende Zusammenhänge (für $q \neq 1$):

$$\frac{\partial(\beta^2 + \alpha^3)}{\partial \pi(1,.)} = \frac{2\beta q}{-8(1-q)} + 3\alpha^2 \frac{q}{6(1-q)}.$$

Diese Ableitung ist sicherlich positiv, wenn $\pi(1,.) > \pi(-1,.)$. Denn dann ist β negativ. Ferner ist

$$\frac{\partial(\beta^2 + \alpha^3)}{\partial \pi(-1,.)} = \frac{2\beta q}{8(1-q)} + \frac{3\alpha^2 q}{6(1-q)}.$$

Diese Ableitung ist sicherlich positiv, wenn $\pi(1,.) < \pi(-1,.)$, da dann β positiv ist.

Diagramm 4.8: Potentialfunktion

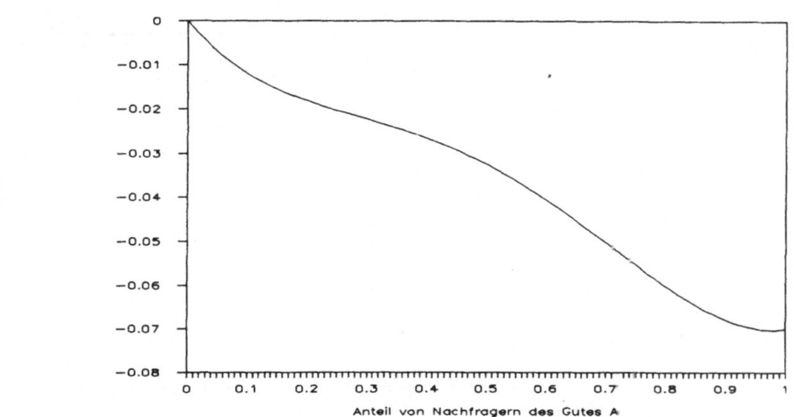

$$(q = 0,2; \pi(-1,.) = 0,1; \pi(1,.) = 0,8)$$

hinreichend geringem, aber positivem q, überwunden werden kann. Der Lock-In ist offensichtlich überwindbar, wenn die Neigung der Nachfrager steigt, sich autonom für das eine oder andere Gut zu entscheiden, d.h. wenn q steigt.[11] Von welchen Faktoren hängt q ab? Im wesentli-

---

[11]Isoliert vorgenommene Änderungen von q führen zu einer Änderung der Anzahl singulärer Punkte. Denn

$$\frac{\partial(\beta^2 + \alpha^3)}{\partial q} = 2\beta \frac{-8(\pi(1,.) - \pi(-1,.))}{(-8(1-q))^2}$$

$$+ 3\alpha^2 \frac{(\pi(1,.) + \pi(-1,.))}{6(1-q)^2}.$$

Da

$$\frac{-8(\pi(1,.) - \pi(-1,.))}{(-8(1-q))^2}$$

genau dann kleiner als Null ist, wenn $\pi(1,.) - \pi(-1,.)$ größer als Null und β kleiner als Null ist, wenn $\pi(1,.) - \pi(-1,.)$ größer als Null ist (und entsprechend umgekehrt), ist

$$\frac{\partial(\beta^2 + \alpha^3)}{\partial q}$$

größer als Null. Eine isoliert vorgenommene Steigerung von q führt zu einer Erhöhung von $\beta^2 + \alpha^3$.

Diagramm 4.9: Diffusionsverlauf

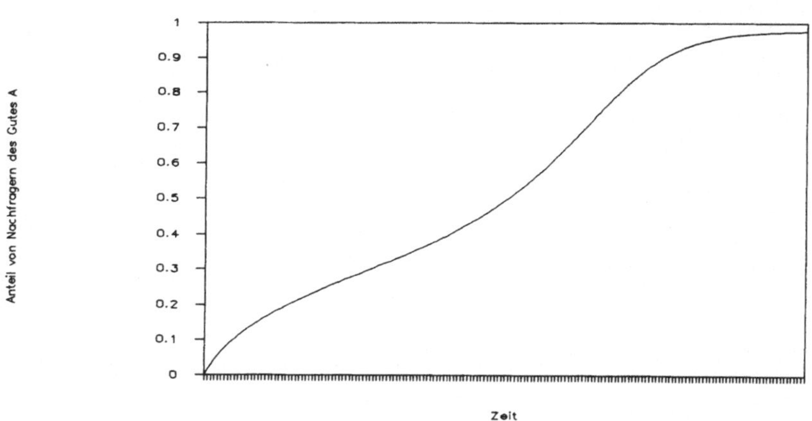

$$(q = 0,2; \pi(-1,.) = 0,1; \pi(1,.) = 0,8)$$

chen können drei Gruppen von Einflußfaktoren genannt werden: Persönlichkeitsfaktoren, Umgebungsbedingungen und Produkteigenschaften. Die Persönlichkeitsfaktoren: Je stärker Konsumenten glauben, das erforderliche Wissen zur Beurteilung des Gutes A (*Rogers* (1983)) zu besitzen, desto höher wird q sein. Die Umgebungsbedingungen: Je größer die soziale Anerkennung autonomen Entscheidungsverhaltens ist, desto größer dürfte q sein. Die Produkteigenschaften: Ist der Kauf eines Gutes aus der Sicht der Nachfrager mit einem hohen Kaufrisiko verbunden, so suchen Nachfrager die direkte Kommunikation (*Kroeber-Riel* (1984, S. 651, 654)). Mit anderen Worten würde q mit steigendem wahrgenommenen Kaufrisiko sinken.

Gut A kann als Produktinnovation aufgefaßt werden. Die oben angegebenen Bedingungen zur Überwindung des Lock-Ins sind gleichbedeutend mit den Voraussetzungen, die zur erfolgreichen Markteinführung eines neuen Produktes erfüllt sein müssen. Der Übergang von $\frac{n_A}{n} = 0$ in Diagramm 4.8 zu dem rechten Gleichgewicht des Diagramms 4.8 z.B. kann als Diffusionsprozeß aufgefaßt werden. Ein möglicher Verlauf der Diffusion ist in Diagramm 4.9 abgebildet.[12] Er zeigt den

---

[12]Bei den hier dargestellten Diffusionsverläufen handelt es sich um Computersi-

Diagramm 4.10: Diffusionsverlauf

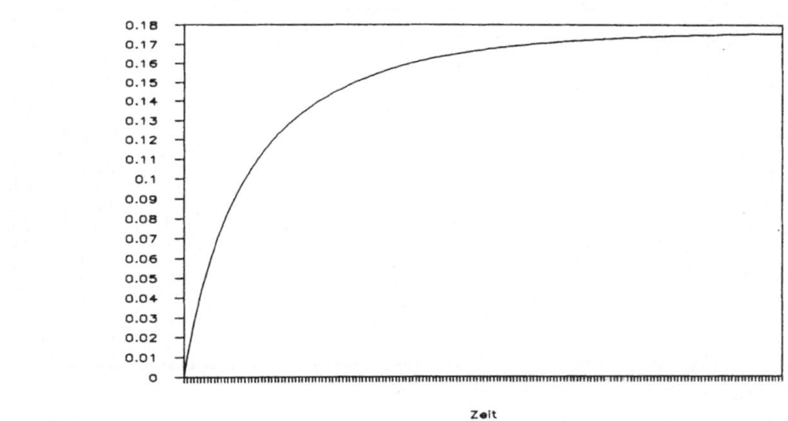

$$(q = 0,2; \pi(-1,.) = 0,2; \pi(1,.) = 0,5; Ausgangspunkt \tfrac{n_A}{n} = 0)$$

Diagramm 4.11: Diffusionsverlauf

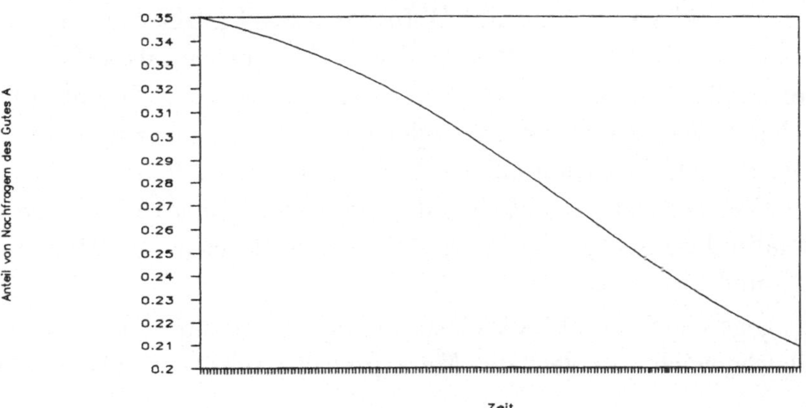

$$(q = 0,2; \pi(-1,.) = 0,2; \pi(1,.) = 0,5; Ausgangspunkt \tfrac{n_A}{n} = 0,35)$$

Diagramm 4.12: Diffusionsverlauf

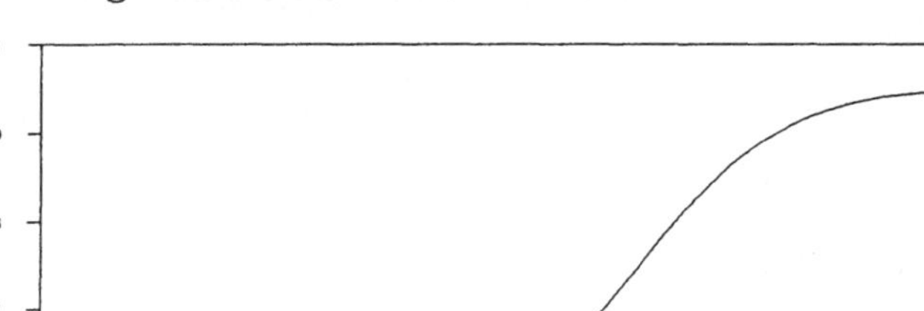
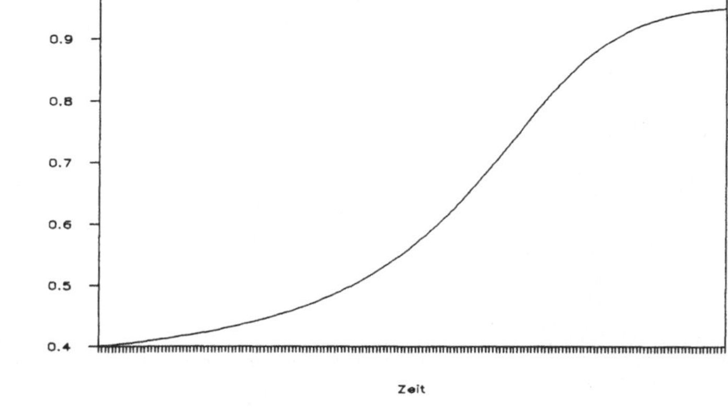

$$(q = 0,2; \pi(-1,.) = 0,2; \pi(1,.) = 0,5; Ausgangspunkt\tfrac{n_A}{n} = 0,4)$$

typischen s-förmigen Verlauf ab einer Höhe des Marktanteils des Gutes
B von ca. 29 %. Der Diffusionsverlauf zwischen 0 und 29 % ist konkav
und ist durch die Adoption des Gutes A durch die autonomen Konsumenten zu erklären. Wenn der Diffusionsprozeß abgeschlossen ist, so
entfällt in diesem Beispiel etwa 98 % des Marktpotentials auf Gut A.

Der qualitative Diffusionsverlauf spiegelt sich in der Potentialfunktion wieder. Zu diesem Zweck vergleiche man die Diagramme 4.8 und
4.9. Die Potentialfunktion 4.8 weist ein stabiles Gleichgewicht auf. Zu
diesem Gleichgewicht strebt der Marktprozeß. Konvexe Bereiche der
Potentialfunktion entpuppen sich als konkave Bereiche des Diffusionsverlaufs und vice versa.

Bei gegebenem Marktpotential n hängt der Diffusionsverlauf und
das Gleichgewicht, zu dem der Marktprozeß strebt, von den Parame-

---

mulationen. Die Simulationen wurden, wenn es möglich war, mit Hilfe von PHA-
SER (siehe *Koçak*, H. (1986)) durchgeführt, ansonsten wurde ein eigenes kleines
GWBASIC-Programm benutzt. Zur Darstellung der Graphiken wurde jedoch, wenn
es möglich und sinnvoll war, wegen der Möglichkeit der einfachen und eleganten graphischen Darstellung, SYMPHONY verwendet. Hilfreiche Hinweise zur Benutzung
dieses Programms gibt *Steiner* (1985).

tern q, $\pi(-1,.)$ und $\pi(1,.)$ ab. Ist q hinreichend gering, so hängt der Diffusionsverlauf auch von der Lage im Ausgangspunkt des Marktprozesses ab. Bei einem Anteil autonom entscheidender Konsumenten von $q = 20\%$ und $\pi(-1,.) = 0,2$ und $\pi(1,.) = 0,5$ hängt z.B. der Diffusionsverlauf und das Gleichgewicht, zu dem der Marktprozeß c.p. strebt zusätzlich von der Anfangsbedingung des Marktprozesses ab (siehe Diagramm 4.7). Beginnt der Marktprozeß in $\frac{n_A}{n} = 0$, so liegt das Gleichgewicht bei ca. 17 %. Der zugehörige Diffusionsverlauf ist in Diagramm 4.10 abgebildet. Er weist keinen s-förmigen Bereich auf. Beginnt der Marktprozeß dagegen bei $\frac{n_A}{n} = 0,35$, so wird der Marktanteil des Gutes A schwinden und gegen das Gleichgewicht $\frac{n_A}{n} = 0,17$ streben. Der zugehörige Diffusionsverlauf ist in Diagramm 4.11 abgebildet. Beginnt der Diffusionsprozeß bei $\frac{n_A}{n} = 0,4$, so weist der Diffusionsprozeß einen s- förmigen Verlauf auf (siehe Diagramm 4.12).

Ist die Wahrscheinlichkeit q, mit der sich ein Nachfrager autonom entscheidet, hinreichend hoch, so weist der Diffusionsverlauf keinen s-förmigen Bereich auf. Der Marktprozeß besitzt nur ein Gleichgewicht und dieses Gleichgewicht wird unabhängig von dem Ausgangspunkt $\frac{n_A}{n}$ erreicht. Dieser Sachverhalt wird durch Diagramm 4.13 veranschaulicht.[13]

Gemäß der vorangegangenen Ausführungen läßt sich folgende Hypothese aufstellen.

Hypothese 4.1 *Die Angebotsbedingungungen seien während des betrachteten Marktprozesses über einen hinreichend langen Zeitraum konstant. Bei einer hinreichend hohen Wahrscheinlichkeit q tritt sicher kein s-förmiger Diffusionsverlauf auf. Ist die Wahrscheinlichkeit q hinreichend gering, so kann der Diffusionsverlauf einen s-förmigen Bereich aufweisen. Es kommt zu einem Lock-In.*

---

[13]In Diagramm 4.13 wird der Diffusionsverlauf zu der in Diagramm 4.2 dargestellten Potentialfunktion abgebildet.

Diagramm 4.13: Diffusionsverlauf

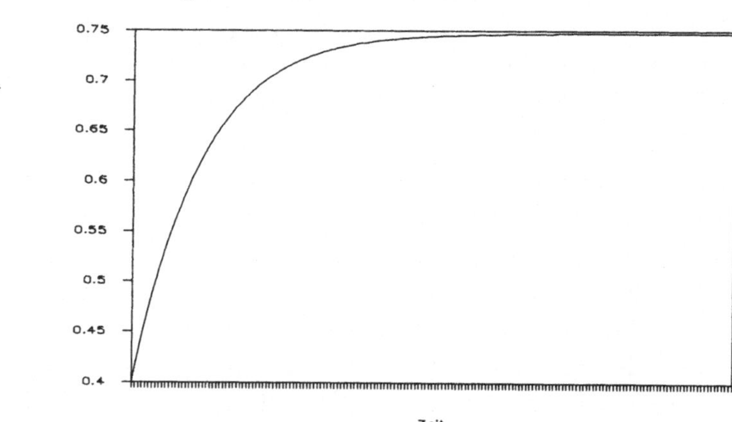

$$(q = 0,8; \pi(-1,.) = 0,2; \pi(1,.) = 0,5)$$

4.3   Modellerweiterung

4.3.1   Modellannahmen und Modellspezifikation

Bislang wurden die Angebotsbedingungen konstant gesetzt. Es handelte sich um eine Partial-Partialanalyse. Die Anbieterzahl wurde nicht spezifiziert. Die Dynamik wurde ausschließlich durch das Verhalten der Nachfrager erzeugt. Gefragt wird nun danach, ob sich die Modelleigenschaften durch die Einbeziehung von Anbieterreaktionen ändern. Ist zyklisches Verhalten denkbar oder sogar als Regelfall zu betrachten? So wäre es im Zwei-Güter- , Zwei-Anbieterfall denkbar, daß die Anbieter unter bestimmten Bedingungen versuchen durch Preis- oder Qualitätskonkurrenz höhere Marktanteile zu erzielen, ohne daß dies einem Anbieter auf Dauer gelingt.

Die Angebotsseite wird nun explizit betrachtet. Gut A werde von Anbieter A und Gut B werde von Anbieter B produziert und angeboten. Beide Unternehmen seien Einproduktunternehmen. Zur Beschreibung des Anbieterverhaltens kommt die Satisficing- Hypothese zur Anwendung.

Die Satisficing-Hypothese[14] postuliert ein asymmetrisches Verhalten. Ist das Anspruchsniveau, ausgedrückt durch den Marktanteil des jeweiligen Unternehmens, höher als der Ist-Zustand, so verringert sich das Anspruchsniveau in Abhängigkeit der Größe des Erfolges und der Erfolgshäufigkeit nur zögernd. Im umgekehrten Fall erfolgt eine rasche Anpassung des Anspruchsniveaus an den Ist-Zustand.

Zur Abbildung der Veränderung des Anspruchsniveaus des Unternehmens A dient folgende Differentialgleichung:

$$\frac{d\,y_A}{d\,t} = a[exp(-(y_A - E(\frac{n_A}{n}))) - 1]. \qquad (4.22)$$

Hierbei wird durch die Variable y_A die Höhe des Anspruchsniveaus des Unternehmens A kenntlich gemacht, $\frac{d\,y_A}{d\,t}$ kennzeichnet die marginale Veränderung des Anspruchsniveaus des Unternehmens A pro marginaler Zeiteinheit. Das Anspruchsniveau hat genauso wie der Ist-Zustand, ausgedrückt durch $\frac{n_A}{n}$, keine Dimension. $a > 0$ ist ein Verhaltensparamter.

Die angegebene Funktion $\frac{d\,y_A}{d\,t}$ in Abhängigkeit von $(y_A - E(\frac{n_A}{n}))$ hat negative Steigung und verläuft durch den Ursprung. Besteht keine Anspruchsdiskrepanz, so verändert sich das Anspruchsniveau nicht. Besteht eine positive Anspruchsdiskrepanz, d.h. $y_A - E(\frac{n_A}{n}) > 0$, so verändert sich das Anspruchsniveau c.p. zögerlicher als bei einer negativen Anspruchsdiskrepanz.[15]

Ganz analog zu der Bestimmungsgleichung für die Veränderung des Anspruchsniveaus von Unternehmen A soll die Veränderung des Anspruchsviveaus des Unternehmens B durch folgende Differentialgleichung beschrieben werden:

$$\frac{d\,y_B}{d\,t} = b[exp(-(y_B - 1 + E(\frac{n_A}{n}))) - 1]. \qquad (4.23)$$

$b > 0$ ist hierbei ein Verhaltensparameter, y_B bezeichnet das Anspruchsniveau von Unternehmen B und $\frac{d\,y_B}{d\,t}$ kennzeichnet die marginale Ände-

---

[14]Es wird hier auf die Satisficing-Hypothese in der Version von *Witt* (1987) zurückgegriffen, die schon in Kapitel 2 Gegenstand der Diskussion war.

[15]In der Differentialgleichung zur Beschreibung der Veränderung des Anspruchsniveaus geht als Bestimmungsgröße weder die Erfolgshäufigkeit noch die Höhe des Erfolges explizit ein. Implizit wird hiermit angenommen, daß diese Größen konstant sind.

rung des Anspruchsniveaus von Unternehmen B pro marginaler Zeiteinheit.

Um das so erweiterte Modell zu schließen ist eine Hypothese über den Zusammenhang zwischen Anbieterverhalten und Nachfrageverhalten nötig. Besteht bei einem Unternehmen eine positive Anspruchsdiskrepanz, so besitzt dieses Unternehmen einen Anreiz zu Suchverhalten und Experimentierverhalten. Mehr besagt die Satisficing-Hypothese hier nicht. Ob dieser Anreiz tatsächlich zu einer Verbesserung des Angebots führt, bleibt offen. Verbesserung des Angebots bedeutet hierbei, daß die Nachfrager eine Veränderung als Verbesserung betrachten. Ohne einem möglicherweise existierenden Fortschrittsglauben das Wort reden zu wollen, wird hier angenommen, daß eine positive Anspruchsdiskrepanz zu einer Produktverbesserung führt. Eine negative Anspruchsdiskrepanz führe dagegen zu einer Verschlechterung des Angebotes.[16]

Damit ist der erste Schritt zu einer Schließung des erweiterten Modells getan. Als nächstes muß eine Spezifizierung dieser Hypothese erfolgen. Mit anderen Worten müssen für die individuellen Übergangswahrscheinlichkeiten[17] $\pi(1,.)$ und $\pi(-1,.)$ bestimmte Funktionen gewählt werden, wobei die Anspruchsdiskrepanz als erklärende Variable dient. Durch eine Entwicklung nach Taylor bis zum Grade Eins erhält man Funktionen, die sich recht gut interpretieren lassen:

$$\pi(-1,.) = c - y_A + E(\frac{n_A}{n}) \tag{4.24}$$

bzw.

$$\pi(1,.) = d - y_B + 1 - E(\frac{n_A}{n}). \tag{4.25}$$

c und d sind hierbei Verhaltensparameter und sind jeweils kleiner als Eins und größer als Null.[18] Sie besitzen keine Dimension.

---

[16]Es wird hier völlig offen gelassen, um welche Veränderung es sich handelt. Auch marginale Änderungen im Erscheinungsbild eines Gutes können von Konsumenten als Qualitätsverbesserungen oder -verschlechterungen angesehen werden.

[17]Es ist zu beachten, daß durch die Wahrscheinlichkeiten $\pi(.,.)$ nur das Verhalten derjenigen Nachfrager abgebildet wird, die autonom in t entscheiden.

[18]Zudem muß gefordert werden, daß der Definitionsbereich der individuellen Übergangswahrscheinlichkeiten nicht verlassen wird. Ansonsten würde man besser von Übergangsraten sprechen.

Sind die Verhaltensparameter a und b ungleich Null und sollte sich eine positive Anspruchsdiskrepanz einstellen, so sinkt die individuelle Übergangswahrscheinlichkeit $\pi(-1,.)$ unter den Wert von c bzw. $\pi(1,.)$ unter den Wert von d. Anders gewendet bemüht sich Unternehmen A (B) bei einer positiven Anspruchsdiskrepanz um eine Verbesserung seines Produktes, weshalb die individuelle Übergangswahrscheinlichkeit $\pi(-1,.)$ (bzw. $\pi(1,.)$) sinkt. Bei einer negativen Anspruchsdiskrepanz sinkt die unternehmerische Motivation und das Angebot verschlechtert sich.

Einsetzen von 4.24 und 4.25 in 4.11 ergibt:

$$\frac{d\,E(\frac{n_A}{n})}{d\,t} = q(d - y_B + 1) + E(\tfrac{n_A}{n})[q(-1 - d - c + y_A + y_B) - 1]$$

$$+E(\tfrac{n_A}{n})^2 3(1 - q) - E(\tfrac{n_A}{n})^3 2(1 - q).$$

$$(4.26)$$

Durch Gleichung 4.26 wird die zeitliche Veränderung des Ist-Zustandes beschrieben. Der Einfachheit wegen wird nun der Erwartungswertoperator weggelassen.

4.3.2 Modellimplikate

Als erstes werden die singulären Punkte des Modells bestimmt. Dann erfolgt eine Stabilitätsanalyse mit Hilfe der Methode von Lyapunov und mit Hilfe der Methode der Linearisierung. Die Modelleigenschaften werden danach durch Simulationsläufe illustriert.

Werden 4.22 und 4.23 gleich Null gesetzt, so erhält man

$$y_A = \frac{n_A}{n} \qquad (4.27)$$

bzw.

$$y_B = 1 - \frac{n_A}{n}. \qquad (4.28)$$

Werden diese Werte in 4.26 eingesetzt, so erhält man

$$\frac{d\,E(\frac{n_A}{n})}{d\,t} = qd + \tfrac{n_A}{n}[-q(d + c) + (q - 1)]$$

$$+(\tfrac{n_A}{n})^2 3(1 - q) - (\tfrac{n_A}{n})^3 2(1 - q).$$

$$(4.29)$$

Gleichung 4.29 unterscheidet sich von Gleichung 4.11 nur dadurch, daß die Konstante $\pi(1,.)$ durch die Konstante d und die Konstante $\pi(-1,.)$ durch die Konstante c ersetzt wurde. Somit sind die singulären Punkte von 4.29 mit denen von 4.11 identisch. Durch Einsetzen dieser singulären Punkte in 4.27 und 4.28 erhält man die singulären Punkte des erweiterten Modells. In Abhängigkeit von q gibt es eine oder drei singuläre Punkte. Wenn q hinreichend gering ist, so gibt es drei singuläre Punkte, ist q hinreichend groß, so gibt es einen singulären Punkt.

Die Funktion

$$V(t, \tfrac{n_A}{n}, y_A, y_B) = (\tfrac{n_A}{n} - \tfrac{n_A}{n}{}^*)^2 + (y_A - y_A^*)^2 + (y_B - y_B^*)^2$$

$$= (\tfrac{n_A}{n} - \tfrac{n_A}{n}{}^*)^2 + (y_A - \tfrac{n_A}{n}{}^*)^2 + (y_B - 1 + \tfrac{n_A}{n}{}^*)^2 \qquad (4.30)$$

ist außerhalb der singulären Punkte positiv definit.[19] Singuläre Punkte werden durch ein „*" kenntlich gemacht.

Zunächst werden die Stabilitätseigenschaften des erweiterten Modells überprüft, wenn q hinreichend groß ist. Der singuläre Punkt

$$(\frac{n_A{}^*}{n}, \frac{n_A{}^*}{n}, 1 - \frac{n_A{}^*}{n}), 0 < \frac{n_A}{n} \leq 1$$

ist asymptotisch stabil. Denn die orbitale Abweichung, definiert als

$$L_t V \ := \ \ \frac{\partial V}{\partial t} + \frac{\partial V}{\partial \frac{n_A}{n}} \frac{d\frac{n_A}{n}}{d\,t}$$
$$+ \frac{\partial V}{\partial y_A} \frac{dy_A}{d\,t} + \frac{\partial V}{\partial y_B} \frac{dy_B}{d\,t}, \qquad (4.31)$$

ist in der Umgebung des singulären Punktes negativ definit. Dies ist einsichtig, wenn man bedenkt, daß

$$\frac{\partial V}{\partial \frac{n_A}{n}}$$

---

[19] *Verhulst* (1990, Kapitel 8) hat die Methode von Lyapunov anschaulich dargestellt.

genau dann positiv (negativ) ist[20] , wenn

$$\frac{dE(\frac{n_A}{n})}{d\,t}$$

an der Stelle $\frac{n_A}{n}^*$ negativ (positiv) ist. Andererseits ist

$$\frac{\partial V}{\partial y_A}$$

positiv (negativ) oder Null, wenn

$$\frac{dy_A}{d\,t}$$

an der Stelle $\frac{n_A}{n}^*$ negativ (positiv) oder Null ist. Entsprechend gilt

$$\frac{\partial V}{y_B} \geq 0,$$

wenn an der Stelle $\frac{n_A}{n}^*$

$$\frac{dy_B}{d\,t} \leq 0$$

und umgekehrt. Da es sich um ein autonomes Differentialgleichungssystem handelt, ist die partielle Ableitung von $V(.)$ nach der Zeit gleich Null. Insgesamt ergibt sich damit, daß in der Umgebung des singulären Punktes die orbitale Abweichung negativ definit ist.

Es wird nun zu dem Fall übergegangen, in dem es drei singuläre Punkte gibt. Es gibt drei singuläre Punkte, wenn q hinreichend gering ist. Ein beliebiger singulärer Punkt $(\frac{n_A}{n}^*, \frac{n_A}{n}^*, 1 - \frac{n_A}{n}^*)$ ist durch die Angabe von $\frac{n_A}{n}$ eindeutig bestimmt. Die drei singulären Punkte werden deshalb durch $0 \leq \frac{n_A}{n}_1^* < \frac{n_A}{n}_2^* < \frac{n_A}{n}_3^* \leq 1$ kenntlich gemacht. $\frac{n_A}{n}_1^*$ kennzeichnet den ersten singulären Punkte usw..

Zunächst wird das Stabilitätsverhalten des ersten singulären Punktes, charakterisiert durch $\frac{n_A}{n}_1^*$, untersucht. Die orbitale Abweichung

---

[20]Man vergleiche die Diagramme der Potentialfunktion 4.21 und berücksichtige, daß

$$\frac{d\frac{n_A}{n}}{d\,t} = \frac{-dPotential}{d\frac{n_A}{n}}.$$

$L_t V$ ist nicht für den gesamten Definitionsbereich negativ definit. Links von $\frac{n_A}{n}{}^*_1$ besitzt die Potentialfunktion zu 4.11 negative Steigung, weshalb an der Stelle $\frac{n_A}{n}{}^*_1$ [21]

$$\frac{d\frac{n_A}{n}}{d\,t} > 0$$

gilt und außerdem

$$\frac{\partial V}{\partial \frac{n_A}{n}} < 0.$$

In dem Bereich $\frac{n_A}{n}{}^*_1 < \frac{n_A}{n} < \frac{n_A}{n}{}^*_2$ besitzt die Potentialfunktion zu 4.11 positive Steigung, weshalb an der Stelle $\frac{n_A}{n}{}^*_1$

$$\frac{d\frac{n_A}{n}}{d\,t} < 0$$

und außerdem

$$\frac{\partial V}{\partial \frac{n_A}{n}} > 0.$$

Für die Variablen y_A und y_B gilt die gleiche Argumentation wie im Falle eines hinreichend großen q, wenn nur ein singulärer Punkt existiert. Deshalb ist die orbitale Abweichung in der Umgebung des Punktes $\left(\frac{n_A}{n}{}^*_1, \frac{n_A}{n}{}^*_1, 1 - \frac{n_A}{n}{}^*_1\right)$ negativ definit. Folglich ist der singuläre Punkt $\left(\frac{n_A}{n}{}^*_1, \frac{n_A}{n}{}^*_1, 1 - \frac{n_A}{n}{}^*_1\right)$ asymptotisch stabil.

Ganz analog wird das Stabilitätsverhalten des dritten singulären Punktes, der durch $\frac{n_A}{n}{}^*_3$ eindeutig bestimmt ist, untersucht. In dem Bereich $\frac{n_A}{n}{}^*_2 < \frac{n_A}{n} < \frac{n_A}{n}{}^*_3$ besitzt die Potentialfunktion zu 4.11 negative Steigung, weshalb an der Stelle $\frac{n_A}{n}{}^*_3$

$$\frac{dE\left(\frac{n_A}{n}\right)}{d\,t} > 0.$$

Zusätzlich gilt an der Stelle $\frac{n_A}{n}{}^*_3$

$$\frac{\partial V}{\partial \frac{n_A}{n}} < 0.$$

---

[21]Man beachte die Definition der Potentialfunktion.

In dem Bereich $\frac{n_A}{n}{}^*_3 < \frac{n_A}{n} \leq 1$ hat die Potentialfuntion zu 4.11 positive Steigung, weshalb an der Stelle $\frac{n_A}{n}{}^*_3$

$$\frac{d\frac{n_A}{n}}{d\,t} < 0$$

und zudem gilt

$$\frac{\partial V}{\partial \frac{n_A}{n}} > 0.$$

Für die Variablen y_A, y_B gilt die gleiche Argumentation wie im Falle eines hinreichend großen q. Die orbitale Abweichung ist deshalb in der Umgebung von $(\frac{n_A}{n}{}^*_3, \frac{n_A}{n}{}^*_3, 1 - \frac{n_A}{n}{}^*_3)$ negativ definit und der singuläre Punkt $(\frac{n_A}{n}{}^*_3, \frac{n_A}{n}{}^*_3, 1 - \frac{n_A}{n}{}^*_3)$ ist asymptotisch stabil.

Die Überprüfung der orbitalen Abweichung auf negative Definitheit in der Umgebung des singulären Punktes $(\frac{n_A}{n}{}^*_2, \frac{n_A}{n}{}^*_2, 1 - \frac{n_A}{n}{}^*_2)$ ist durch die obige Funktion $V(.)$ nur schwer möglich. Deshalb wird die (In-)Stabilität dieses Punktes mit Hilfe der Linearisierung überprüft.[22]

Die Überprüfung der Stabilitätseigenschaften des kritischen Punktes, charakterisiert durch $\frac{n_A}{n}{}^*_2$, des erweiterten Modells erfolgt, indem die Stabilitätseigenschaften des zu 4.26, 4.22, 4.23 linearen Systems in der Nähe des kritischen Punktes überprüft werden. Hierbei ist zu beachten, daß sich nicht alle Eigenschaften des linearisierten Systems auf die des nichtlinearen Systems übertragen. Es gilt jedoch folgender Zusammenhang zwischen linearisiertem und nichtlinearem System. Sind die Eigenwerte der Matrix **A** des linerisierten Systems (reel) negativ, d.h., ist ein kritischer Punkt des linearisierten Systems ein positiver Attraktor, so ist dieser kritische Punkt auch ein positiver Attraktor des nichtlinearen Systems (siehe *Verhulst* (1990, S. 33ff oder Kapitel 7)).

Zunächst wird die Matrix **A** des linearisierten Systems

$$\frac{(d\frac{n_A}{n}, d\,y_A, d\,y_B)'}{d\,t} = \mathbf{A}\left(\frac{n_A}{n} - \frac{n_A}{n}{}^*, y_A - y_A^*, y_B - y_B^*\right)'$$

bestimmt. $(\frac{n_A}{n}{}^*, y_A^*, y_B^*)$ steht stellvertretend für einen singulären Punkt. Die Bestimmung der Eigenwerte $\lambda_1, \lambda_2, \lambda_3$ wäre vermittels der Formeln zur Lösung kubischer Gleichungen möglich. Doch dieser Schritt ist wenig hilfreich. Es stellt sich heraus, daß die Anwendung

---

[22]Diese Methode stellt *Verhulst* (1990, Kapitel 3 und 7) schön dar.

des Routh-Hurwitz-Kriteriums (*Richter, Schlieper, Friedmann* (1981, S. 691ff)) zu einer anschaulicheren Darstellung führt. Die Routh-Hurwitz-Kriterien bestehen aus den Hauptminoren der sogenannten Routh-Hurwitz-Matrix. Diese Hauptminoren lassen sich jeweils als eine Funktion von q auffassen und graphisch darstellen. Sind alle Hauptminoren der Routh-Hurwitz- Matrix positiv, so sind die Eigenwerte $\lambda_1, \lambda_2, \lambda_2$ des linearisierten Systems negativ, der betrachtete singuläre Punkt des linearen Systems ist ein positiver Attraktor und damit ist dieser singuläre Punkt auch ein positiver Attraktor des nichtlinearen Systems. Falls die Matrix **A** einen Eigenwert mit positivem Realteil hat, so ist der betrachtete singuläre Punkt kein positiver Attraktor.

Die Matrix **A** hat folgende Gestalt:

$$\begin{pmatrix} \gamma & \frac{n_A^*}{n}q & -q + \frac{n_A^*}{n}q \\ a\,exp(-(y_A - \frac{n_A^*}{n})) & -a\,exp(-y_A + \frac{n_A^*}{n}) & 0 \\ -b\,exp(-y_B + 1 - \frac{n_A^*}{n}) & 0 & -b\,exp(-y_B + 1 - \frac{n_A^*}{n}) \end{pmatrix}$$

$$(4.32)$$

mit

$$\gamma := (-qd - qc - 1 + 6(1-q)\frac{n_A^*}{n}(1 - \frac{n_A^*}{n})).$$

Als Bestimmungsgleichung für die Eigenwerte erhält man

$$-\lambda^3 + \lambda^2(-qd - qc - 1 + 6(1-q)\frac{n_A^*}{n}(1 - \frac{n_A^*}{n}) - a - b)$$

$$+\lambda([-qd - qc - 1 + 6(1-q)\frac{n_A^*}{n}(1 - \frac{n_A^*}{n})][a + b] - ab + bq - b\frac{n_A^*}{n}q$$

$$+a\frac{n_A^*}{n}q) + [-qd - qc - 1 + 6(1-q)\frac{n_A^*}{n}(1 - \frac{n_A^*}{n})]ab + abq = 0.$$

$$(4.33)$$

Als Hauptminoren der Routh-Hurwitz-Matrix

$$\begin{pmatrix} -(\gamma - a - b) & -(\gamma ab + abq) & 0 \\ 1 & -(\gamma(a + b) - ab + bq - b\frac{n_A^*}{n}q + a\frac{n_A^*}{n}q) & 0 \\ 0 & -(\gamma - a - b) & -(\gamma ab + abq) \end{pmatrix}$$

$$(4.34)$$

erhält man:

$$i : -(\gamma - a - b)$$

$$ii : (\gamma - a - b)(\gamma(a + b) - ab + bq - b\frac{n_A}{n}{}^* q + a\frac{n_A}{n}{}^* q) + (\gamma ab + abq)$$

$$iii : -(\gamma - a - b)(\gamma(a + b) - ab + bq - b\frac{n_A}{n}{}^* q + a\frac{n_A}{n}{}^* q)(\gamma ab + abq) \cdot$$

$$-(\gamma ab + abq)^2$$

$$(4.35)$$

Eine gute Einsicht in das Stabilitätsverhalten des Systems erhält man, indem die Hauptminoren der Routh-Hurwitz-Matrix jeweils als Funktion von q aufgefaßt werden und die Hauptminoren für spezielle Werte a, b, c, d numerisch für alternative Werte von q ausgerechnet und graphisch dargestellt werden. Hierbei ist zu beachten, daß $\frac{n_A}{n}{}^*_2$ auch von q abhängt.

In dem Diagramm 4.14 wurden die Hauptminoren für die Parameterwerte $a = 1, b = 1, c = 0,1, d = 0,8$ in Abhängigkeit von $0 < q < 1$ dargestellt. An der Abszisse wird q und an der Ordinate werden die Werte der Hauptminoren abgetragen. Der erste Hauptminor in 4.35 wird in Diagramm 4.14 mit einem i und die nachfolgenden mit ii bzw. iii kenntlich gemacht.

In Abhängigkeit von q gibt es bei den soeben angegebenen Parameterwerten für a, b, c und d eine oder drei singuläre Gleichgewichte der Differentialgleichungen 4.26 4.22 und 4.23 (siehe die Ausführungen S. 57ff). Für $0 \leq q \leq 0,14$ gibt es drei singulären Punkte und für $0,15 \leq q \leq 1$ gibt es einen singulären Punkt. Die Werte der Hauptminoren in Abhängigkeit von q für den Fall des singulären Punktes, charakterisiert durch $\frac{n_A}{n}{}^*_2$, wurde in dem Diagramm 4.14 dargestellt. Die Graphen enden bei ca. $q = 0,14$, dann endet ihr Definitionsbereich. Der singuläre Punkt, charakterisiert durch $(\frac{n_A}{n})^*_2$ und für den $(\frac{n_A}{n})^*_1 < (\frac{n_A}{n})^*_2 < (\frac{n_A}{n})^*_3$ gilt, ist kein positiver Attraktor, da mindestens ein Eigenwert positiv ist (siehe *Verhulst* (1990, S. 34)). Die Hauptminoren wurden auch für eine Vielzahl anderer Parameterwerte a, b, c und d berechnet, doch für alle gewählten Parameterwerte ergab sich, das qualitativ gleiche Bild, wie für die Parameterwerte

Diagramm 4.14: Hauptminoren in Abhängigkeit von q für $\left(\frac{n_A}{n}^*\right)_2$

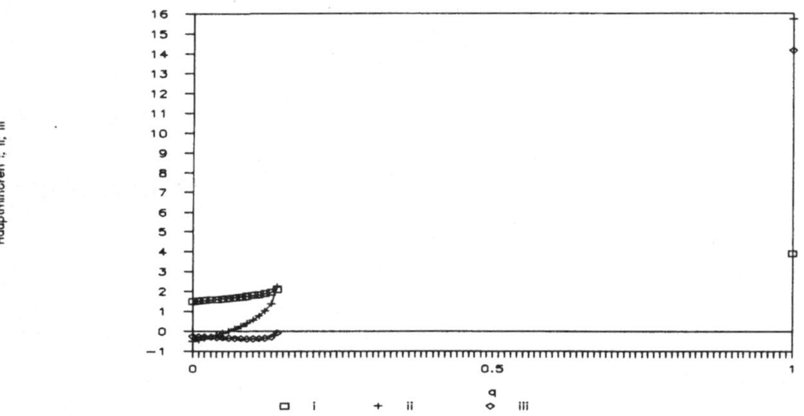

$(a = 1; b = 1; c = 0,1; d = 0,8)$

$a = 1, b = 1, c = 0,1, d = 0,8.$

Die singulären Punkte $\left(\frac{n_A}{n}^*, \frac{n_A}{n}^*, 1 - \frac{n_A}{n}^*\right)$ des erweiterten Modells korrespondieren mit den singulären Punkten $\left(\frac{n_A}{n}\right)^*$ des einfacheren Modells (repräsentiert durch 4.11). Gibt es in dem einfacheren Modell nur einen singulären Punkt, so ist dieser global stabil, im erweiterten Modell konnte nur asymptotische Stabilität nachgewiesen werden. Gibt es im einfacheren Modell drei singuläre Punkte, so sind der singuläre Punkt, der der Null am nächsten ist, und der singuläre Punkt, der der Eins am nächsten ist, asymptotisch stabil, der verbleibende singuläre Punkt ist instablil. Gleiches gilt entsprechend für das erweiterte Modell. Der Lock-In eines inferioren Gutes ist folglich auch in dem erweiterten Modell möglich. Zyklisches Verhalten kann auf Grund dieser Ergebnisse nicht ausgeschlossen werden.

Die lokalen Stabilitätseigenschaften des erweiterten Modells korrespondieren mit denen der einfachen Version. Entsprechen sich vielleicht auch die Diffusionsverläufe? Eine Antwort auf diese Frage liefern numerische Berechnungen des Diffusionsverlaufs auf der Grundlage des erweiterten Modells. Es wird ein Diffusionsverlauf mit den Paramter-

Diagramm 4.15: Diffusionsverlauf

**Anteil
an Nachfragern
des Gutes A**

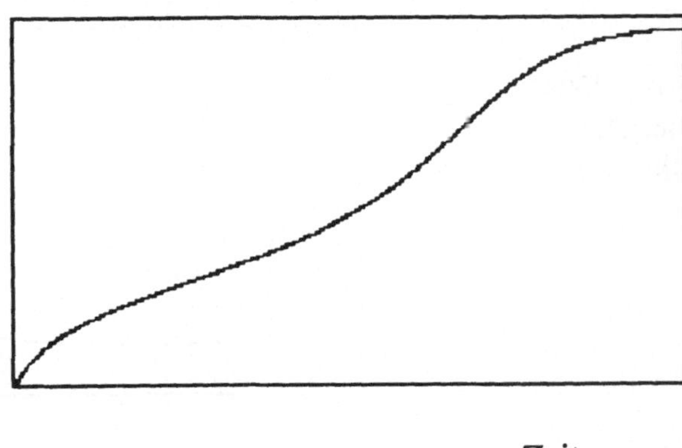

Zeit

$(q = 0,2; \pi(-1,.) = 0,1; \pi(1,.) = 0,8; Anfangswerte : \frac{n_A}{n} = 0, y_A = 0, y_B = 1)$

werten

$$q = 0,2, \quad a = 1, \quad b = 1, \quad c = 0,1, \quad d = 0,8$$

berechnet und in Diagramm 4.15 dargestellt.[23] Der so ermittelte Diffusionsverlauf des erweiterten Modells kann dann mit dem Diffusionsverlauf, dargestellt in Diagramm 4.9 verglichen werden. Man sieht, daß der Diffusionsverlauf in Diagramm 4.15 sich nicht qualitativ von dem des Diagramms 4.9 unterscheidet. Auch für andere Parameterwerte wurden solche Vergleiche durchgeführt und stets stellte sich das qualitativ gleiche Ergebnis ein: Der Diffusionsverlauf des einfacheren Modells unterschied sich nicht qualitativ von dem des erweiterten Modells.

Das Zusammenspiel zwischen Anspruchsniveau y_A und Ist-Zustand $\frac{n_A}{n}$ (für gleiche Parameterwerte wie eben) wird in Diagramm 4.16 dargestellt. Besteht eine positive Anspruchsdiskrepanz, so sinkt die individuelle Übergangswahrscheinlichkeit $\pi(-1,.)$ unter $c = 0,1$, bei einer

---

[23]Der Diffusionsverlauf des Diagramms 4.15 wurde mit Hilfe eines kleinen eigenen GWBASIC-Programms berechnet und graphisch dargestellt. Die Anfangswerte waren $\frac{n_A}{n} = 0, y_A = 0, y_B = 1$.

Diagramm 4.16: Individuelle Übergangswahrscheinlichkeit $\pi(-1,.)$.

individuelle
Übergangs-
wahrscheinlichkeit

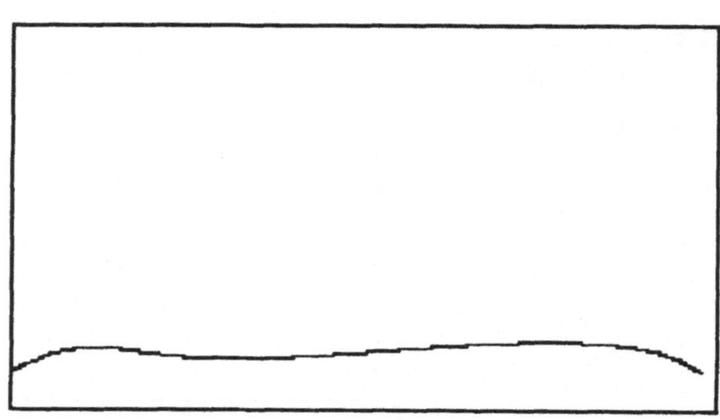

Anteil an Nachfragern des Gutes A

$(q = 0,2; a = 1; b = 1; c = 0,1; d = 0,8; Anfangswerte : \frac{n_A}{n} = 0, y_A = 0, y_B = 1)$

negativen Anspruchsdiskrepanz steigt die individuelle Übergangswahrscheinlichkeit über $c = 0,1$. Man erkennt, daß $\pi(-1,.) > c$, d.h. daß während des Diffusionsverlaufs bei Anbieter A eine negative Anspruchsdiskrepanz bestand.

Das Zusammenspiel zwischen Anspruchsniveau y_B und Ist- Zustand $1 - \frac{n_A}{n}$ wird in Diagramm 4.17 dargestellt. Man erkennt, daß während des gesamten Diffusionsprozesses $\pi(1,.) < d$. Das heißt, daß bei Anbieter B eine positive Anspruchsdiskrepanz bestand. Anders gewendet prognostiziert das Modell bei hinreichend geringer Wahrscheinlichkeit q (die angibt, mit welcher Wahrscheinlichkeit ein Konsument autonom entscheidet) eine (vorübergehende) Verbesserung des Gutes B und eine (vorübergehende) Verschlechterung des Gutes A.

Die Wirkung einer Veränderung der Verhaltensparameter a bzw. b wird an den Diagrammen 4.18 und 4.19 deutlich. In Diagramm 4.18 wurden die Verhaltensparameter $a = b = 0,1$ gewählt. Man erkennt, daß die Differenzen zwischen Anspruchsniveau und Ist-Zustand ausgeprägter sind als bei höheren Parameterwerten für a bzw. b (siehe Diagramm 4.16). Sind die Verhaltensparameter a und b sehr groß,

Diagramm 4.17: Individuelle Übergangswahrscheinlichkeit $\pi(1, .)$.

individuelle
Übergangs-
wahrscheinlichkeit

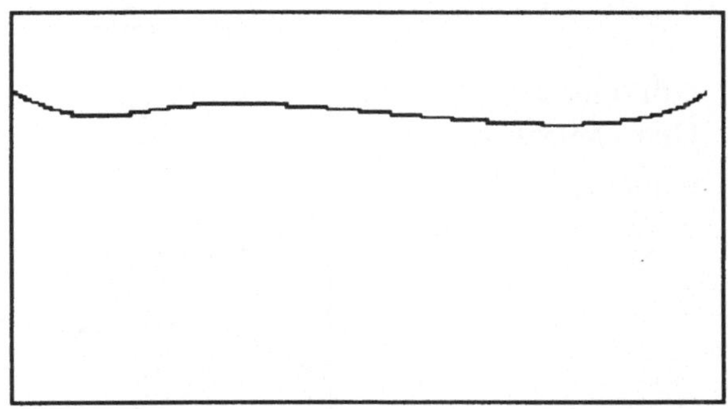

Anteil an Nachfragern des Gutes A

$(q = 0, 2, a = 1; b = 1; c = 0, 1; d = 0, 8; Anfangswerte : \frac{n_A}{n} = 0, y_A = 0, y_B = 1)$

d.h. reagieren die Anbieter auf Anspruchsdiskrepanzen sehr schnell, so kommt es praktisch zu keinen Anspruchsdiskrepanzen (siehe Diagramm 4.19). Auf diesem Prinzip beruht das Prinzip der adiabatischen Eliminierungstechnik von *Haken* (1983). Die Differentialgleichungen 4.22 und 4.23 können dann gleich Null gesetzt werden, nach y_A bzw. y_B aufgelöst und in 4.26 eingesetzt werden. Man erhält dann 4.29. Mit anderen Worten reduziert sich dann das erweiterte Modell auf das einfachere Modell, repräsentiert durch Gleichung 4.11, die sich strukturell nicht von 4.29 unterscheidet.

Die durchgeführten Simulationsläufe wiesen kein zyklisches Verhalten auf, sondern strebten zu einem lokal asymptotisch stabilen Gleichgewicht hin. Der Versuch einer Charakterisierung des Attraktionsbereichs (siehe *Verhulst* (1990, S. 107)) mit Hilfe der Lyapunov-Funktion $V(.)$ war erfolglos.

Diagramm 4.18: Individuelle Übergangswahrscheinlichkeit $\pi(-1,.)$.

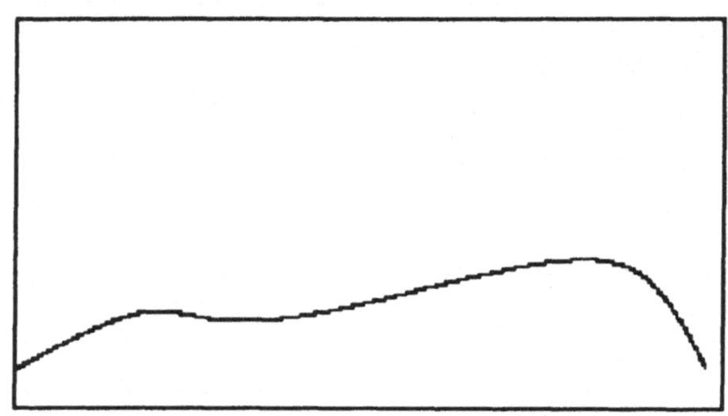

$(q = 0,2, a = 0,1; b = 0,1; c = 0,1; d = 0,8; Anfangswerte : \frac{n_A}{n} = 0, y_A = 0, y_B = 1)$

Diagramm 4.19: Individuelle Übergangswahrscheinlichkeit $\pi(-1,.)$.

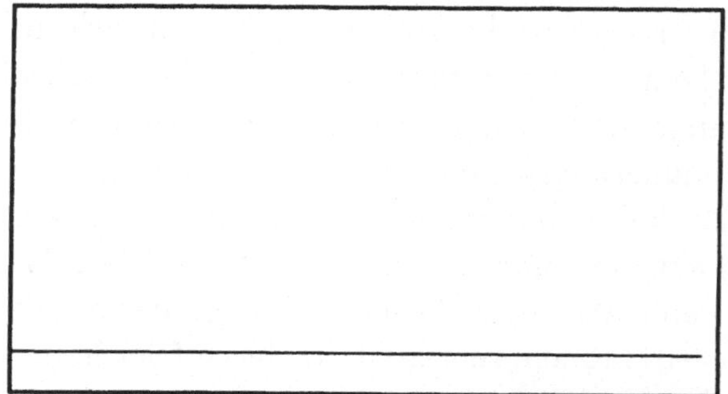

$(q = 0,2, a = 100; b = 100; c = 0,1; d = 0,8; Anfangswerte : \frac{n_A}{n} = 0, y_A = 0, y_B = 1)$

4.4   Schlußbemerkungen

Das Modell vereint zwei Sichtweisen des Marktgeschehens, wie sie durch Diffusionsmodelle einerseits und durch die Neoklassik andererseits repräsentiert werden. Durch Diffusionsmodelle wie durch die neoklassische Marktdarstellung wird das gleiche Phänomen, nämlich der Marktmechanismus, zu beschreiben versucht. Diffusionsmodelle zielen vor allem auf die Beschreibung von dynamischen Substitutionsprozessen ab, die hin zu einem Gleichgewicht führen, während die Neoklassik die Eigenschaften des Gleichgewichts untersucht. In bisherigen Diffusionsmodellen wurde zumeist nur eine Marktseite betrachtet, die Betrachtung beschränkt sich im betriebswirtschaftlichen Schrifttum häufig nur auf die Betrachtung der Nachfrageentwicklung aus der Sicht eines Unternehmens oder einer Branche. In neoklassischen Marktmodellen werden beide Marktseiten (meist in statischen Modellen) betrachtet. In Diffusionsmodellen werden die Substitutionsprozesse heterogener Güter betrachtet, wobei der Marktpreis ein Merkmal unter vielen Determinanten ist. Hingegen werden in neoklassischen Marktmodellen (zumeist) homogene Güter betrachtet, der Preis bildet die einzige Entscheidungsvariable.

Weder in Diffusionsmodellen noch in der Neoklassik wird jedoch die Möglichkeit mehrerer Gleichgewichte mitgedacht. Zumindest im Rahmen der Diffusionstheorie wundert dies nicht, da es sich hier zumeist um aus empirischen Beobachtungen gewonnene Verallgemeinerungen handelt und die Existenz mehrerer Gleichgewichte in der empirischen Sozialforschung schwerlich zu entdecken ist. Das vorgestellte Modell zeigt die Möglichkeit der Existenz mehrerer Gleichgewichte auf. Eine Veränderung der Potentialfunktion ist, ausgehend von einem Gleichgewicht, gleichbedeutend mit der Initiierung eines Diffusionsprozesses. Die Potentialfunktion kann sich auf Grund einer Änderung des Verhaltensparameters q, $\pi(-1,.)$ oder $\pi(1,.)$ ändern, die wiederum von Verhaltensparametern der Nachfrager, von Verhaltensparametern der Anbieter und den gesetzlichen Rahmenbedingungen abhängen (zu letzterem siehe auch *Kerber* (1991, S. 22ff)). Die Unternehmen besitzen als Instrumentvariable Preis und Qualität.[24]

---

[24]Bei Qualitätsänderungen muß es sich nicht um bedeutende von Konsumen-

Das Modell ist empirisch überprüfbar. Die eingeführten Parameter können durch Umfragen geschätzt werden. Alternativ oder ergänzend hierzu können ökonometrische Schätzungen der Makrovariablen erfolgen.

Vorgestellt wird ein Marktprozeß auf einem Markt mit zwei Gütern. Zuerst werden die Eigenschaften der möglichen Gleichgewichte bei verschiedenen Parameterkonstellationen diskutiert. Parameteränderungen bewirken zum einen eine Änderung des Gleichgewichts und unter bestimmten Bedingungen auch eine Änderung der Charakteristika des Marktprozesses. Der Übergang von einem Gleichgewicht zu einem anderen infolge von Parameteränderungen wird als Diffusionsprozeß aufgefaßt. Er besitzt mitunter den in empirischen Studien festgestellten typischen s-förmigen Verlauf.

Ein besonderes Charakteristikum des Modells ist, daß bei bestimmten Parameterkonstellationen die Anbieter der beiden Güter sich über ihre Konkurrenzsituation bewußt sein und Gegenmaßnahmen erwägen können, ohne jedoch notwendigerweise das Marktergebnis sonderlich zu beeinflussen. Anders gewendet kann es zu Lock-In's kommen. Hierin zeigt sich in diesem Modell die Pfadabhängigkeit des betrachteten Marktprozesses. Der Marktprozeß ist im Falle $q \ll 1$ nicht einfach umkehrbar. Zeit ist nicht einfach eine andere, der räumlichen vergleichbare „Dimension" (*Buchanan* und *Vanberg* (1990, S. 28) im Zusammenhang mit einer Kritik an Kirzner). Alternativ zu neoklassischen Beiträgen (siehe *Völker* (1990)), der auf der Grundlage des neoklassischen suchmarkttheoretischen Ansatzes argumentiert) ist somit die Möglichkeit einer im Zeitverlauf asymetrischen Marktaufteilung gezeigt worden.

Lock-In's können endogen überwunden werden. Unternehmen, die sich durch einen Lock-In benachteiligt sehen, besitzen einen Anreiz, diesen Lock-In zu überwinden. In vorliegendem Kontext ist es möglich, einen Lock-In durch Maßnahmen zur Verringerung des Kaufrisikos zu überwinden.

Angenommen, q sei hinreichend gering, so daß der Marktprozeß auch bei großer Differenz in der Vorteilhaftigkeit der Güter (ausge-

---

ten wahrgenommene Verschiebungen handeln. Wie aus dem obigen Modell hervorgeht, können schon kleine Parameteränderungen den Diffusionsprozeß zum Erliegen bringen.

drückt durch die Differenz $| \pi(1,.) - \pi(-1,.) |$) in einen Lock-In mündet. Doch der Marktprozeß als Prozeß der „schöpferischen Zerstörung"
kommt nicht notwendigerweise zum Erliegen. Denn die Unternehmen,
die sich durch den Lock-In benachteiligt sehen, besitzen einen Anreiz
Neuerungsverhalten an den Tag zu legen, um den Lock-In zu Überwinden. Außer der Möglichkeit von Produktverbesserungen gibt es für
Unternehmen die Möglichkeit, die Wahrscheinlichkeit q zu beeinflussen.

Die Größe q, so wurde argumentiert, hängt von dem wahrgenommenen Kaufrisiko der Güter ab. Wenn die durch den Lock- In benachteiligten Unternehmen durch den Einsatz unternehmerischer Instrumentvariabler das wahrgenommene Kaufrisiko senken können, kann
der Lock-In überwunden werden.[25]

In einem nächsten Schritt wurden auch Angebotsänderungen zugelassen. Dies geschah vor allem im Hinblick auf die Frage, ob in einem Dyopolmodell, bei dem sich die Anbieter gemäß der Satisficing-Hypothese verhalten, zyklischen Verhalten möglich ist. Es ergab sich,
daß bei dem Vorliegen eines singulären Punktes dieser singuläre Punkt
asymptotisch stabil ist und bei dem Vorliegen von drei singulären Punkten, zwei asymptotisch stabil sind. Dem Ausgangsmodell sind zwar
die gleichen Stabilitätseigenschaften des erweiterten Modells zu eigen,
der Umkehrschluß ist zwar nicht ausgeschlossen, konnte jedoch nicht
bewiesen werden. Die Diffusionsverläufe, erzeugt durch Computersimulationen, weisen in beiden Modellvarianten die qualitativ gleichen
Verläufe auf. Das Ausgangsmodell kann als Grenzfall der Modellerweiterung aufgefaßt werden, wenn die Änderung des Marktanteils sehr viel
langsamer vonstatten geht als die Unternehmen auf Änderungen ihres
jeweiligen Marktanteils reagieren.

---

[25]Dies wurde allerdings nicht explizit modelliert.

Kapitel 5

Lock-In's und deren Überwindung

5.1 Einleitung

In der Kommunikationsforschung wird zwischen einstufiger und zweistufiger Kommunikation unterschieden. Bei einstufiger Kommunikation vermittelt der Sender einer Information eine Information direkt an
den Empfänger. Die Kommunikation kann hierbei über Massenkommunikationsmittel erfolgen oder über persönliche Kommunikation. Mas-
senkomunikation und persönliche Kommunkation wirken gemäß dieser
Vorstellung nebeneinander auf weitgehend passive Empfänger.

Diese Hypothese wurde zu Beginn der siebziger Jahre erschüttert
(siehe *Kroeber-Riel* (1984, S. 649f)). Empirische Untersuchungen ergaben, daß der Kommunikationsprozeß besser durch einen zweistufigen
Kommunikationsprozeß abgebildet werden kann. Gemäß dieser Vorstellung werden Meinungsführer durch Massenkommunikationsmittel infor-
miert, die sie über persönliche Kommunikation an das passive Publikum
weitergeben.

Ein wesentlicher Kritikpunkt an dem Modell der einstufigen wie
auch der zweistufigen Kommunikation ist, daß ein weitgehend passives
Publikum unterstellt wird. Demgegenüber wird betont, daß Konsumenten häufig selbst aktiv werden. Es wird insbesondere nach dem Kriterium „Kaufrisiko" weiter differenziert. Bei einem Kauf von Gütern mit

geringem Kaufrisiko würde verstärkt auf Massenmedien zurückgegriffen. Bei höherem Kaufrisiko dagegen würde eher die direkte Kommunikation (insbesondere Diskussion) mit Personen der näheren Umgebung oder Meinungsführern im Vordergrund stehen (*Kroeber-Riel* (1984, S. 651, 654)).

In dem Modell des Kapitels 4 gibt es auf der Nachfragerseite keine Meinungsführer. Jedem Konsumenten wird zugestanden auch autonom Entscheidungen zu fällen. Die Wahrscheinlichkeit mit der ein Nachfrager autonom entscheidet ist konstant gleich q. Die Größe q kann man sich hierbei — neben Persönlichkeitsfaktoren und Umgebungsbedingungen — als von dem wahrgenommenen Kaufrisiko abhängig denken. Insofern wurde der Kritik an dem Modell der einstufigen bzw. zweistufigen Kommunikation Rechnung getragen.

In Kapitel 4 kam es bei hinreichend geringem q zu einem Lock-In. Es wurde argumentiert, daß q von dem durch die Nachfrager wahrgenommenen Kaufrisiko abhängt. Je geringer das Kaufrisiko ist, desto größer ist die Wahrschenlichkeit q mit der ein Konsument autonom entscheidet und umso geringer ist die Gefahr eines Lock-In's. Hier wird eine weitere Möglichkeit vorgestellt, wie ein Lock-In im Verlauf eines Marktprozesses überwunden werden kann. Ein Lock-In kann durch das Auftreten von Meinungsführern oder den Einsatz von Diffusionsagenten überwunden werden.[1] Der Diffusionsagent unterscheidet sich vom Meinungsführer dadurch, daß er für seine Tätigkeit entlohnt wird.

Diese Lösungsmöglichkeit ist nicht grundsätzlich neu. *Witt* (1989, S. 167) erklärt die Entstehung von Institutionen als einen Propagationsprozeß. Zur Überwindung sogenannter kritischer Massephänomene greift er auf das Konzept der zweistufigen Kommunikation zurück. Das gleiche Lösungsmuster wird auf Marktprozesse übertragen. Es wird berücksichtigt, daß ein Meinungsführer bzw. Diffusionsagent mitunter einen größeren Einfluß auf den Marktprozeß hat als ein Mitglied des „passiven" Publikums.

Besondere Probleme bereitet der Fall, in denen zur Überwindung der kritischen Masse kollektives Handeln nötig ist (*Witt* (1989)). Die bisherigen Lösungsmöglickeiten laufen letztlich darauf hinaus, die Aus-

---

[1] Dies ist nicht die einzige Möglichkeit einen Lock-In zu überwinden. Eine weitere Möglichkeit stellen *Farrel* und *Saloner* (1985, Kapitel 4) vor.

zahlungsmatrix zu ändern. Dies ist hier nicht anders. Es werden Argumente dargeboten, die die Überwindung kritischer Massephänomene auf Marktebene erleichtern.

Das Kapitel ist wie folgt gegliedert. Es wird danach gefragt, wie sich auf der Grundlage des Modells der zweistufigen Kommunikation ein formales Modell begründen läßt. Dies ist der Gegenstand des folgenden Abschnitts. Nachdem das Modell auf seine Stabilitätseigenschaften hin überprüft wurde, wird im sich daran anschließenden Abschnitt danach gefragt, welchen Einfluß Meinungsführer und Diffusionsagenten auf den Marktprozeß nehmen können.

5.2 Das Modell

Die gesamte Population N spaltet sich auf in

$$N^a = \{i^a_1, i^a_2, i^a_3, ..., i^a_{n^a}\},$$

die Menge, die entweder nur aus Meinungsführern oder nur aus Diffusionsagenten besteht, und in

$$N^i = \{i^i_1, i^i_2, i^i_3, ..., i^i_{n^i}\},$$

die Menge des passiven Publikums. Betrachtet werden soll die Veränderung des Marktanteils der beiden Güter, ausgedrückt durch die Veränderung von $\mathbf{n} = (n^a_A, n^a_B, n^i_A, n^i_B)$. Hierbei bedeuten: n^a_A Anzahl an Meinungsführern, die Gut A unterstützen, n^i_A Anzahl des passiven Publikums, das sich für Gut A entschieden hat.

5.2.1 Entscheidungsverhalten der Meinungsführer resp. Diffusionsagenten

Ein Meinungsführer $i^a \epsilon N^a$ entscheidet sich mit der Wahrscheinlichkeit $\pi(1,.;\mathbf{n})$ für Gut A, wenn er zuvor Gut B nachgefragt hat und entscheidet sich mit der Wahrscheinlichkeit $\pi(-1,.;\mathbf{n})$ für Gut B, wenn er zuvor Gut A nachfragte. Alternativ hierzu entscheidet sich ein Diffusionsagent mit der Wahrscheinlichkeit $\pi(1,.;\mathbf{n})$ dazu, sich für die Absatzförderung des Gutes A einzusetzen, wenn er zuvor den Absatz des Gutes

B förderte und entscheidet sich mit der Wahrscheinlichkeit $\pi(-1, .; \mathbf{n})$ dazu, den Absatz des Gutes B zu fördern, wenn er zuvor den Absatz des Gutes A förderte. $\pi(\pm 1, .; \mathbf{n})$ bezeichnet die individuelle Übergangswahrscheinlichkeit. $w[v, .; \mathbf{n}]$ gibt die Wahrscheinlichkeit an, daß sich n_A^a um v erhöht. $w[., u; \mathbf{n}]$ gibt die Wahrscheinlichkeit an, daß sich n_A^i um u erhöht. Es wird vorausgesetzt, daß die Individuen der Population N^a wie auch die Individuen der Population N^i stochastisch unabhängig voneinander entscheiden. n^a bezeichnet die Anzahl aller Meinungsführer (oder Diffusionsagenten). Als Zusammenhang zwischen individueller und makroskopischer Übergangswahrscheinlichkeit ergibt sich dann:

$$w[v, .; \mathbf{n}] = \binom{n^a - n_A^a}{v} \pi(1, .; \mathbf{n})^v (1 - \pi(1, .; \mathbf{n})^{n^a - n_A^a - v} \tag{5.1}$$

und

$$w[-v, .; \mathbf{n}] = \binom{n_A^a}{v} \pi(-1, .; \mathbf{n})^v (1 - \pi(-1, .; \mathbf{n})^{n_A^a - v}, \tag{5.2}$$

wobei

$$n^a := n_A^a + n_B^a.$$

Werden die Gleichungen 5.1 und 5.2 in Gleichung $A.7$ des Anhangs (siehe Kapitel A) eingesetzt, so ergibt sich als approximative Bewegungsgleichung für den Erwartungswert $E(n_A^a)_t$

$$\frac{d\, E(n_A^a)_t}{d\, t} = (n^a - E(n_A^a))\pi(1, .; \mathbf{n}) - E(n_A^a)\pi(-1, .; \mathbf{n}) \tag{5.3}$$

Werden die folgenden zwei Definitionen berücksichtigt,

$$r_t^a := \frac{n_A^a}{n} \tag{5.4}$$

und

$$\bar{q} := \frac{n^a}{n} \tag{5.5}$$

so erhält man aus 5.3

$$\frac{d\, E(r_t^a)}{d\, t} = \bar{q}\pi(1, .; \mathbf{n}) - E(r_t^a)(\pi(1, .; \mathbf{n}) + \pi(-1, .; \mathbf{n})). \tag{5.6}$$

Gleichung 5.6 beschreibt die approximative Bewegungsgleichung für den Erwartungswert des Anteils der Meinungsführer (bzw. Diffusionsagenten) an der Gesamtpopulation

$$n := n_A^a + n_B^a + n_A^i + n_B^i,$$

die Gut A favourisieren.

5.2.2 Entscheidungsverhalten des „passiven" Publikums

Bezüglich der Handlungsmotivation von Nachfragern der Population N^i kann wie folgt argumentiert werden (siehe auch *Witt* (1989a)). Trifft ein Konsument i^i, der Gut A verwendet, auf ein beliebiges anderes Individuum, das das gleiche Gut verwendet, so sieht sich Konsument i^i nicht veranlaßt seine Entscheidung zu revidieren. Falls Nachfrager i^i Gut A nachfragt und auf einen Meinungsführer i^a trifft, der Gut B verwendet, so wechselt er mit Wahrscheinlichkeit $b(\bar{q} - r_t^a)$ zu Gut B. Man kann sich vorstellen, daß in einer Diskussion der Anteil an der Gesamtpopulation der Meinungsführer (bzw. Diffusionsagenten), die Gut B favourisieren, als Argument für Gut B dient.[2] b ist ein Parameter und dient dazu, Argumente unterschiedlich zu gewichten. Trifft ein Nachfrager nach Gut A, i^i, auf einen Nachfrager k^i, der Gut B nachfragt, so wechselt i^i mit Wahrscheinlichkeit $a(1 - \bar{q} - r_t^i)$ zu Gut B. Die Größe r_t^i ist dabei definiert als

$$r_t^i := \frac{n_A^i}{n}.$$

Auch a ist ein Parameter, der dazu dient, Argumente des passiven Publikums im Vergleich zu Argumenten von Meinungsführern unterschiedlich zu gewichten. Sollte Nachfrager i^i dagegen Gut B nachfragen und

---

[2]Zur Veranschaulichung dieser Übergangswahrscheinlichkeit soll ein kleines Beispiel dienen. Angenommen N^a sei die Menge der Diffusionsagenten, z.B. Autohändler. Meinungsführer gäbe es nicht. Je größer der Anteil der Händler $\bar{q}$ der Marke „Phantastiko" im Vergleich zu anderen Händlern ist, umso eher kann man damit rechnen, daß im Schadensfall die nötige Reparatur fachgemäß durchgeführt wird. Die Vorteilhaftigkeit der Marke „Phantastiko" steigt also mit zunehmender Zahl an Händlern der Marke „Phantastiko".

auf einen Meinungsführer treffen, der Gut A favorisiert, so wechselt i^i mit Wahrscheinlichkeit br_t^a zu Gut A. Wenn i^i Gut B nachfragt und auf einen Vertreter des passiven Publikums trifft, so wechselt i^i mit Wahrscheinlichkeit ar_t^i zu Gut A.

Die Parameter a, b dienen zur Abbildung der Stärke des Einflusses der Diffusionsagenten auf das passive Publikum. Haben Diffusionsagenten einen größeren Einfluß auf die Beurteilung eines Gutes durch das passive Publikum als das Zusammentreffen zweier Individuen aus der Population N^i, so ist

$$0 \le a \le b \le 1.$$

Diese Bedingung soll im folgenden stets gelten.

Die dargestellten Zusammenhänge lassen sich graphisch schön veranschaulichen.

$$
\begin{array}{lccc}
 & & \textit{Konsument} & k^a \\
 & & A & B \\
\textit{Konsument} \quad A & 0 & b(\bar{q} - r_t^a) \\
i^i \qquad\qquad B & br_t^a & 0
\end{array}
\tag{5.7}
$$

$$
\begin{array}{lccc}
 & & \textit{Konsument} & k^i \\
 & & A & B \\
\textit{Konsument} \quad A & 0 & a(1 - \bar{q} - r_t^i) \\
i^i \qquad\qquad B & ar_t^i & 0
\end{array}
\tag{5.8}
$$

In den Matrizen 5.7 und 5.8 sind die Wahrscheinlichkeiten eingetragen, mit der Nachfrager i^i das Gut unter der Bedingung wechselt, daß Nachfrager i^i auf ein anderes Individuum k trifft, das ein anderes Gut favorisiert oder anwendet. Die Wahrscheinlichkeit, daß Konsument i^i auf einen Meinungsführer trifft, der Gut A bzw. B favorisiert ist gleich r_t^a bzw. $\bar{q} - r_t^a$. Umgekehrt ist die Wahrscheinlichkeit, daß Nachfrager

i^i auf ein anderes Mitglied des passiven Publikums trifft, das Gut A bzw. Gut B nachfragt, gleich r_t^i bzw. $(1 - \bar{q} - r_t^i)$.

Als individuelle Übergangswahrscheinlichkeiten erhält man:

$$\pi(., 1; \mathbf{n}) = b(r_t^a)^2 + a(r_t^i)^2 \tag{5.9}$$

bzw.

$$\pi(., -1; \mathbf{n}) = b(\bar{q} - r_t^a)^2 + a(1 - \bar{q} - r_t^i)^2. \tag{5.10}$$

Es wird vorausgesetzt, daß die Individuen „des passiven Publikums" stochastisch unabhängig voneinander entscheiden. Deshalb ist durch

$$w[., u; \mathbf{n}] = \binom{n^i - n_A^i}{u} \pi(., 1; \mathbf{n})^u (1 - \pi(., -1; \mathbf{n})^{n^i - n_A^i - u} \tag{5.11}$$

bzw.

$$w[., -u; \mathbf{n}] = \binom{n_A^i}{u} \pi(., -1; \mathbf{n})^u (1 - \pi(., -1; \mathbf{n})^{n_A^i - u} \tag{5.12}$$

der Zusammenhang zwischen individueller und makroskopischer Übergangswahrscheinlichkeit gegeben. n^i bezeichnet die Anzahl des „passiven Publikums":

$$n^i := n_A^i + n_B^i.$$

Werden die Gleichungen 5.11 und 5.12 in Formel $A.8$ (siehe Kapitel A) eingesetzt, so erhält man als approximative Bewegungsgleichung für den Erwartungswert $\frac{d\,E(n_A^i)_t}{d\,t}$:

$$\frac{d\,E(n_A^i)_t}{d\,t} = n_B^i[b(E(r_t^a))^2 + a(E(r_t^i))^2]$$
$$-n_A^i[b(\bar{q} - E(r_t^a))^2 + a(1 - \bar{q} - E(r_t^i))^2]. \tag{5.13}$$

Unter Berücksichtigung von

$$r_t^i := \frac{n_A^i}{n}$$

und

$$\frac{n_B^i}{n} = 1 - \frac{n^a}{n} - \frac{n_A^i}{n} = 1 - \bar{q} - r_t^i$$

ergibt sich aus 5.13

$$
\begin{aligned}
\frac{d\,E(r_t^i)}{d\,t} &= (1 - \bar{q} - E(r_t^i))[b(E(r_t^a))^2 + a(E(r_t^i))^2] \\[2mm]
&\quad - E(r_t^i)[b(\bar{q} - E(r_t^a))^2 + a(1 - \bar{q} - E(r_t^i))^2] \\[2mm]
&= (1 - \bar{q})b(E(r_t^a))^2 + (E(r_t^i))[-b((E(r_t^a))^2 + (\bar{q} - E(r_t^a))^2) \\[2mm]
&\quad - a(1 - \bar{q})^2] + (E(r_t^i))^2 3a(1 - \bar{q}) + (E(r_t^i))^3(-2a).
\end{aligned}
$$

$$(5.14)$$

Durch die Gleichungen 5.6 und 5.14 ist ein Differentialgleichungssystem gegeben, das ähnlich dem Modell des Kapitels 4 dazu geeignet ist, dynamische Substitutionsprozesse zu beschreiben. Alternativ zur Auffassung der Gleichungen 5.6 und 5.14 als ein Differentialgleichungssystem, lassen sich die beiden Gleichungen auch gesondert betrachten.

5.3 Die Charakteristika der einzelnen Differentialgleichungen

Der singuläre Punkt der Differentialgleichung 5.6 ist

$$
r_t^{a*} = \frac{\bar{q}\pi(1,.)}{\pi(1,.) + \pi(-1,.)}.
\tag{5.15}
$$

Zur Bestimmung der singulären Punkte der Gleichung 5.14 kann auf die Formeln zur Lösung einer kubischen Gleichung zurückgegriffen werden (siehe die Ausführungen in Kapitel 4). Durch die Transformation

$$
\frac{n_A}{n} = y + \frac{1 - \bar{q}}{2}
$$

läßt sich die kubische Gleichung auf die reduzierte Form

$$
y^3 + 3\alpha y + 2\beta
$$

bringen. Die Parameter α und β sind hierbei wie folgt definiert:

$$
\alpha = \frac{-(1 - \bar{q})^2}{12} + \frac{b((E(r_t^a))^2 + (\bar{q} - E(r_t^a))^2)}{6a}
\tag{5.16}
$$

Diagramm 5.1: Potentialfunktion

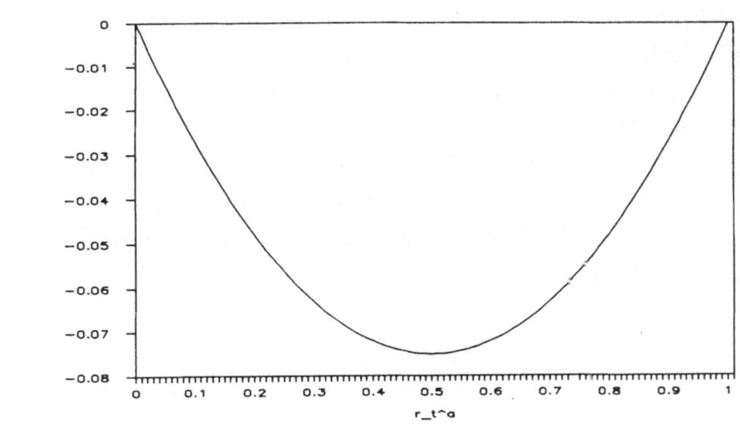

$$\bar{q} = 1; \pi(-1,.;\mathbf{n}) = \pi(1,.;\mathbf{n}) = 0,3$$

bzw.

$$\beta = \frac{(1-\bar{q})[-b((E(r_t^a))^2 - (\bar{q} - E(r_t^a))^2)]}{8a}. \tag{5.17}$$

In Abhängigkeit von $\beta^2 + \alpha^3$ erhält man drei reelle oder eine reelle und zwei konjugiert komplexe Lösungen.[3]

Zunächst wird das Verhalten der Gleichung 5.6 bzw. 5.14 gesondert betrachtet. Zu diesem Zweck wird die Potentialfunktion hergeleitet und die typischen Fälle in den folgenden Diagrammen abgebildet. Die Potentialfunktion hat im Fall von Gleichung 5.6 folgendes Aussehen:

$$Potential = -\bar{q}\pi(1,.;\mathbf{n})E(r_t^a) + \frac{1}{2}(E(r_t^a))^2(\pi(1,.;\mathbf{n}) + \pi(-1,.;\mathbf{n})). \tag{5.18}$$

An der Ordinate des folgenden Diagramms ist das Potential und auf der Abzisse ist r_t^a abgetragen. In Diagramm 5.1 ist die Potentialfunktion abgebildet, wenn die gesamte Nachfrage aus der Nachfrage der Meinungsführer besteht, d.h. $\bar{q} = 1$. Man erkennt, der Verlauf dieser Potentialfunktion ist der gleiche wie in Diagramm 4.1. Gleichung 5.6

---

[3]Siehe die Ausführungen S. 57ff. Dort finden sich die Formeln zu Lösung der kubischen Gleichung in reduzierter Form.

besitzt die gleiche Struktur wie Gleichung 4.3 für $q = 1$. Der einzige Unterschied besteht darin, daß im einen Fall die interessierende Größe mit dem Symbol $\frac{n_A}{n}$ und im anderen Fall mit dem Zeichen r_t^a etikettiert wird. Steigt die Vorteilhaftigkeit des Gutes A, so verschiebt sich die Talsohle der Potentialfunktion nach rechts.

Es soll nun das dynamische Verhalten der Gleichung 5.14 bei gegebenem, d.h. sich im Zeitverlauf nicht veränderndem, r_t^a untersucht werden. Die zur Gleichung 5.14 gehörige Potentialfunktion hat bei gegebenem r_t^a die Gestalt:

$$
\begin{aligned}
Potential \;=\; & -(1 - \bar{q})b(E(r_t^a))^2 E(r_t^i) \\[2mm]
& -\tfrac{1}{2}(E(r_t^i))^2[-b((E(r_t^a))^2 + (\bar{q} - E(r_t^a))^2) - a(1 - \bar{q})^2] \\[2mm]
& -(E(r_t^i))^3 a(1 - \bar{q}) + \tfrac{1}{2}a(E(r_t^i))^4.
\end{aligned}
$$

$$(5.19)$$

In den nun folgenden Diagrammen ist an der Ordinate wieder das Potential, an der Abzisse ist r_t^i abgetragen.[4]

Ist der Anteil der Meinungsführer gleich Null (d.h. $\bar{q} = 0$), so erhält man die in Diagramm 5.2 dargestellte Potentialfunktion. Die Potentialfunktion weist drei Gleichgewichte auf, von denen allerdings nur zwei stabil sind. Meinungsführer (oder Diffusionsagenten) haben dann keinen Einfluß.

Falls sich alle Meinungsführer (bzw. Diffusionsagenten) für Gut A entschieden haben und $\bar{q} = 0,1$, so weist die Potentialfunktion auch weiterhin zwei stabile Gleichgewichte auf (siehe Diagramm 5.3), auch wenn sich die Potentialfunktion etwas zu Gunsten des Gutes A verändert hat.

Sollten sich alle Meinungsführer (bzw. Diffusionsagenten) für Gut B entschieden haben, so verschiebt sich die Potentialfunktion zu Gunsten des Gutes B. Die zwei stabilen Gleichgewichte kommen in $r_t^i = 0$ und $r_t^i = 0,89$ zu liegen (siehe Diagramm 5.4).

Haben sich die Meinungsführer (bzw. Diffusionsagenten) je zur Hälfte für Gut A bzw. B entschieden, so ist die Potentialfunktion —

---

[4]Zu beachten ist hier, daß $r_t^a \leq \bar{q}$.

Diagramm 5.2: Potentialfunktion

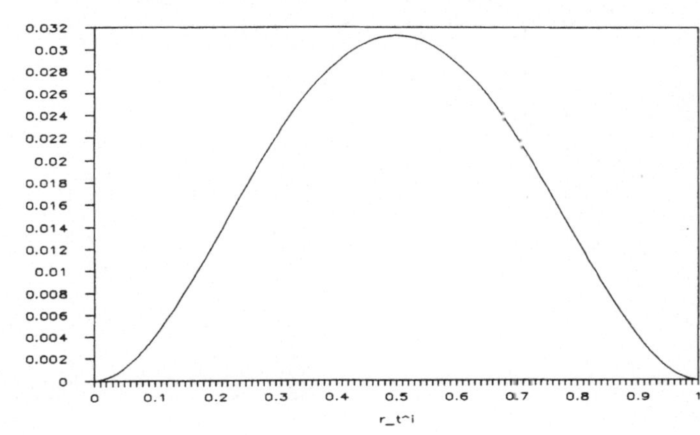

$$\bar{q} = 0; a = b = 1; r_t^a = 0.$$

Diagramm 5.3: Potentialfunktion

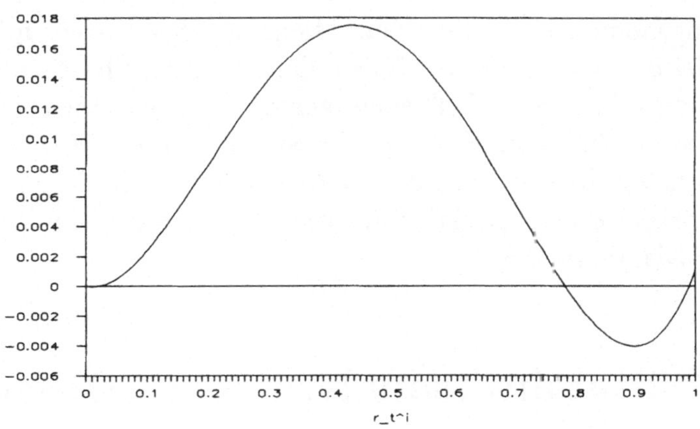

$$\bar{q} = 0,1; a = b = 1; r_t^a = 0,1$$

Diagramm 5.4: Potentialfunktion

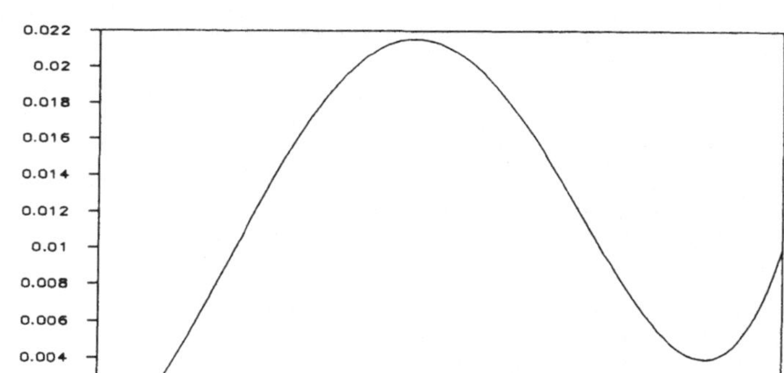

$$\bar{q} = 0,1; a = b = 1; r_t^a = 0$$

ähnlich wie in Diagramm 5.2 — symmetrisch. Die stabilen Gleichgewichte kommen in $r_t^i = 0$ bzw. $r_t^i = 0,9$ zu liegen (siehe Diagramm 5.5).

Angenommen, der Anteil der Meinungsführer (bzw. Diffusionsagenten) sei $\bar{q} = 0,2$, alle $i^a \epsilon N^a$ fragen Gut A nach (d.h. $r_t^a = 0,2$) und die Meinungsführer bzw. Diffusionsagenten besitzen einen größeren Einfluß auf ein Individuum des passinven Publikums als ein Mitglied des passiven Publikums (d.h. $0 \leq a \leq b \leq 1$). In diesem Fall weist die zugehörige Potentialfunktion ein stabiles Gleichgewicht in $r_t^i = 0,8$ auf (siehe Diagramm 5.6).

5.4 Stabilitätsanalyse des Differentialgleichungssystems

Die Funktion

$$V(E(r_t^a), E(r_t^i)) = (E(r_t^a) - r_t^{a*})^2 + (E(r_t^i) - r_t^{i*})^2 \qquad (5.20)$$

Diagramm 5.5: Potentialfunktion

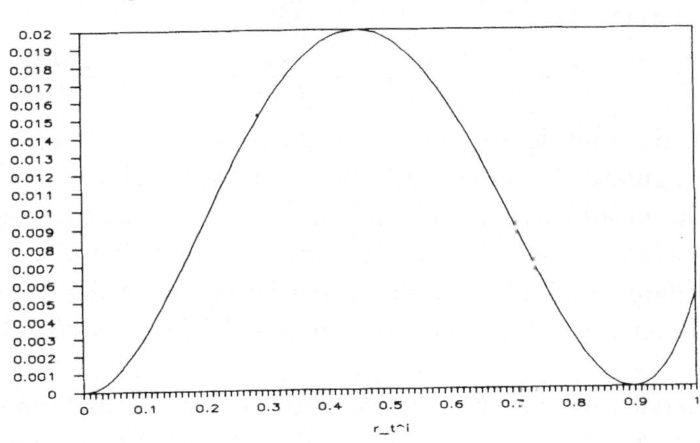

$$\bar{q} = 0,1; a = b = 1; r_t^a = 0,05$$

Diagramm 5.6: Potentialfunktion

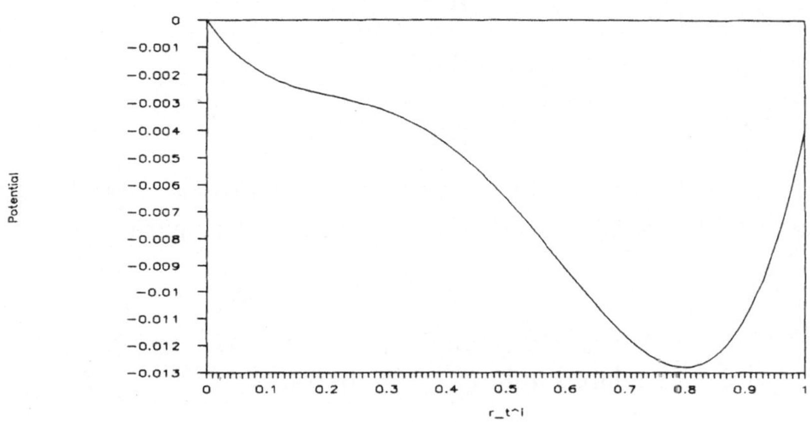

$$\bar{q} = 0,2; a = 0,4; b = 1; r_t^a = 0,2$$

ist außerhalb des singulären Punktes (r_t^{a*}, r_t^{i*}) positiv definit. Die orbitale Abweichung ist

$$L_t V \; := \; \frac{\partial V}{\partial t} + \frac{\partial V}{\partial E(r_t^a)} \frac{d\, E(r_t^a)}{d\, t} + \frac{\partial V}{\partial E(r_t^i)} \frac{d\, E(r_t^i)}{d\, t}. \tag{5.21}$$

Wenn die orbitale Abweichung negativ definit ist, so ist der betrachtete singuläre Punkt (r_t^{a*}, r_t^{i*}) asymptotisch stabil und angesichts des Definitionsbereichs von V auch global stabil. Leichter ist jedoch die lokale asymptotische Stabilität eines singulären Punktes nachzuweisen. Denn dann muß die orbitale Abweichung nur in der Umgebung eines singulären Punktes negativ definit sein (siehe *Verhulst* (1990, Kapitel 8)).

Zuerst wird der Fall betrachtet, in dem es nur einen singulären Punkt (r_t^{a*}, r_t^{i*}) gibt. Dieser singuläre Punkt ist asymptotisch stabil. Denn

$$\frac{\partial V}{\partial E(r_t^a)} \leq 0,$$

wenn[5]

$$\frac{dE(r_t^a)}{d\, t}\big|_{(r_t^{a*}, r_t^{i*})} \geq 0.$$

Zudem gilt

$$\frac{\partial V}{\partial E(r_t^i)} \leq 0,$$

wenn

$$\frac{dE(r_t^i)}{d\, t}\big|(r_t^{a*}, r_t^{i*}) \geq 0.$$

Folglich ist der singuläre Punkt (r_t^{a*}, r_t^{i*}) asymptotisch stabil. Jetzt wird der Fall betrachtet, bei dem es drei singuläre Punkte

$$(r_t^{a*}, r_{t,1}^{i*}) < (r_t^{a*}, r_{t,2}^{i*}) < (r_t^{a*}, r_{t,3}^{i*})$$

gibt. Dies ist dann der Fall, wenn bei gegebenem r_t^{a*} $\beta^2 + \alpha^3 < 0$. Als erstes wird der singuläre Punkt $(r_t^{a*}, r_{t,1}^{i*})$ betrachtet. Für $(r_t^i < r_{t,1}^{i*})$ gilt

$$\frac{\partial V}{\partial E(r_t^i)} < 0$$

---

[5]Der Term

$$\frac{dE(r_t^a)}{d\, t}\big|_{(r_t^{a*}, r_t^{i*})}$$

soll die Ableitung an der Stelle (r_t^{a*}, r_t^{i*}) bedeuten.

und

$$\frac{dE(r_t^i)}{d\,t}\big|_{(r_t^{a*},r_{t,1}^{i*})} > 0.$$

Zudem gilt

$$\frac{\partial V}{\partial E(r_t^a)} \leq 0,$$

wenn

$$\frac{dE(r_t^a)}{d\,t}\big|_{(r_t^{a*},r_{t,1}^{i*})} \geq 0$$

und entsprechend umgekehrt für $r_t^i > r_{t,1}^{i*}$.

Im Falle des singulären Punktes $(r_t^{a*}, r_{t,3}^{i*})$ ergibt sich die asymptotische Stabilität durch analoge Argumentation. Die Überprüfung des singulären Punktes $(r_t^{a*}, r_{t,2}^{i*})$ erfolgt durch die Methode der Linearisierung. Die Matrix $\mathbf{A}$ des linearisierten Systems

$$\left(\frac{d\,E(r_t^a)}{d\,t}, \frac{d\,E(r_t^i)}{d\,t}\right)' = \mathbf{A}(E(r_t^a) - r_t^{a*}, E(r_t^i) - r_t^{i*})'$$

ist

$$\mathbf{A} = \begin{pmatrix} -(\pi(1,.) + \pi(-1,.)) & 0 \\ \frac{\partial \frac{d\,E(r_t^i)}{d\,t}}{\partial r_t^a}\big|_{(r_t^{a*},r_{t,2}^{i*})} & \delta \end{pmatrix}$$

mit

$$\delta = -b((r_t^{a*})^2 + (\bar{q} - r_t^{a*})^2) - a(1 - \bar{q})^2 + 6ar_t^{i*}(1 - \bar{q} - r_t^{i*}).$$

Die Bestimmungsgleichung der Eigenwerte ist

$$\lambda^2 + \lambda(\pi(1,.) + \pi(-1,.) - \delta) - (\pi(1,.) + \pi(-1,.))\delta = 0.$$

Als Hauptminoren der Routh-Hurwith-Matrix

$$\begin{pmatrix} (\pi(1,.) + \pi(-1,.) - \delta) & 0 \\ 1 & -(\pi(1,.) + \pi(-1,.))\delta \end{pmatrix}$$

erhält man:

$$i : (\pi(1,.) + \pi(-1,.) - \delta)$$

$$ii : -(\pi(1,.) + \pi(-1,.) - \delta)(\pi(1,.) + \pi(-1,.))\delta$$

Diagramm 5.7: Hauptminoren in Abhängigkeit von q für $(r_t^{a*}, r_{t,2}^{i*})$

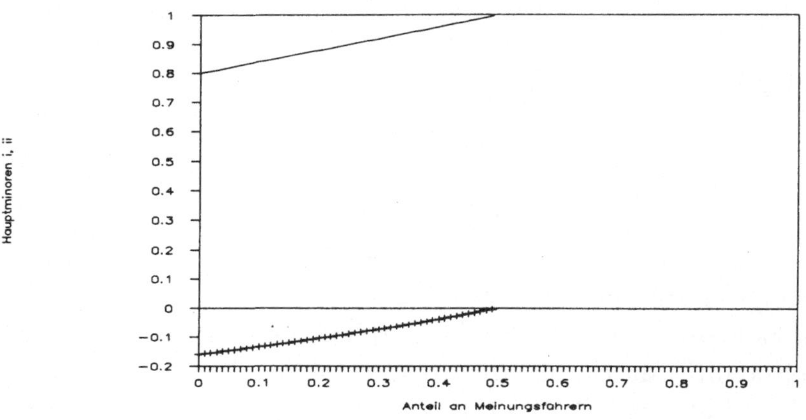

$$a = b = 0,4; \pi(1,.) = \pi(-1,.) = 0,5$$

Die Hauptminoren der Routh-Hurwith-Matrix sind in Diagramm 5.7 für die Parameterwerte $a = b = 0,4; \pi(1,.) = \pi(-1,.) = 0,5$ dargestellt. Da ein Hauptminor negativ ist, ist der Punkt $r_t^{a*}, r_{t,2}^{i*}$ instabil. Auch für andere Parameterwerte stellte sich dieses Ergebnis ein.

Wenn zusätzlich angenommen wird, daß die Meinungsführer sehr viel schneller reagieren als das „pasive Publikum", so kann die adiabatische Eliminierungstechnik angewendet werden (*Haken* (1983)). Der singuläre Punkt r_t^{a*} der Differentialgleichung 5.6 kann dann in Gleichung 5.14 eingesetzt werden und das Stabilitätsverhalten wird durch die Potentialfunktion 5.19 in Abhängigkeit von r_t^{a*} beschrieben. Die lokalen Stabilitätseigenschaften der singulären Punkte sind unabhängig von dem Unterschied in der Reaktionsgeschwindigkeit der Meinungsführer (bzw. Diffusionsagenten) und des „passiven Publikums".

5.5 Modellimplikate

Das Modell kann auf zweierlei Weise interpretiert werden.

- Als Differentialgleichungssystem 5.6, 5.14, wobei die Meinungsführer sich an den Eigenschaften des Gutes orientieren und von den Anbietern *keine* zusätzliche finanzielle Unterstützung für ihre absatzfördernde Tätigkeit erhalten. Da sich die Meinungsführer bei ihren Entscheidungen an den Eigenschaften der Güter A und B orientieren, ist für sie die Vorteilhaftigkeit der Güter, ausgedrückt durch die individuellen Übergangswahrscheinlichkeiten $\pi(\pm 1, .; \mathbf{n})$, ausschlaggebend.

- Als System, in dem Diffusionsagenten den Marktprozeß beeinflussen. Diffusionsagenten werden für ihre absatzfördernde Tätigkeit von Anbietern — im Gegensatz zu Meinungsführern — entlohnt. Diffusionsagenten können selbst als Nachfrager auftreten oder nicht. Hier wird der zweite Fall betrachtet. Das Marktpotential besteht dann aus $(1 - \bar{q})n$.

  Im Gegensatz zu den Meinungsführern richten die Diffusionsagenten ihre absatzfördernde Tätigkeit nicht an der Vorteilhaftigkeit der Güter A oder B aus, sondern an der Höhe der Entlohnung. Deshalb drücken die individuellen Übergangswahrscheinlichkeiten *nicht* die Vorteilhaftigkeit der Güter aus, sondern die Höhe der Entlohnung.

5.5.1 Meinungsführer und Marktprozeß

Wenn der Anteil der Meinungsführer hinreichend groß ist, so wird sich das vorteilhaftere Gut am Markt stärker durchsetzen als das Konkurrenzprodukt. Der Marktprozeß ist dann durch Potentialfunktionen gekennzeichnet, die ein stabiles Gleichgewicht aufweisen. Den Wirkmechanismus kann man sich in zwei Stufen geteilt denken. Veränderungen der Vorteilhaftigkeit eines Gutes schlagen sich in Diagramm 5.1 in einer Verschiebung der Talsohle der Potentialfunktion zu Gunsten des vorteilhafteren Gutes nieder. Die hierdurch bewirkte Veränderung der Motivationsstruktur schlägt sich vermittels $E(r_t^a)$ auf die Potentialfunktion 5.19 nieder. Auch die Potentialfunktion 5.19 verändert sich zu Gunsten des verbesserten Gutes. Die Wirkung der Meinungsführer auf das passive Publikum ist umso größer, je größer die Differenz zwischen a und b dem Betrage nach ist.

Ganz analog zu dem Modell des vorangegangenen Kapitels 4 kann es hier zu einem Lock-In eines inferioren Gutes kommen. Ist $\bar{q}$ bei gegebenen individuellen Übergangswahrscheinlickeiten $\pi(\pm 1,.)$ und gegebenen Beeinflussungsparametern a, b hinreichend gering, so ist der Marktprozeß durch eine Potentialfunktion 5.19 charakterisiert, die zwei stabile Gleichgewichte aufweist. Keines der stabilen Gleichgewichte spiegelt jedoch die Vorteilhaftigkeit, die die Nachfrager den jeweiligen Gütern beimessen, wieder (vgl. z.B. die Potentialfunktion in Diagramm 5.3).

Der Lock-In kann überwunden werden, wenn r_t^{a*} unter der Voraussetzung, daß $\bar{q} - 2r_t^{a*} > 0$, sinkt[6], wenn b steigt[7] oder a sinkt[8] (vgl. auch Diagramm 5.3 mit Diagramm 5.6).

5.5.2   Diffusionsagenten und Marktprozeß

Eine Möglichkeit, den Lock-In zu überwinden, kann in dem Einsatz von Diffusionsagenten bestehen. Ein Diffusionsagent unterscheidet sich gemäß der hier verwendeten Nomenklatur von einem Meinungsführer dadurch, daß er für seine Tätigkeit von Anbietern eines Gutes entlohnt wird. Der Einfachheit halber wird angenommen, daß es keine Meinungsführer gibt. Die Menge der Diffusionsagenten ist dann durch

$$N^a = \left\{ i_1^{\cdot a}, i_2^{\cdot a}, i_3^{\cdot a}, ..., i_n^{\cdot a} \right\},$$

---

[6] Denn

$$\frac{\partial(\beta^2 + \alpha^3)}{\partial r_t^{a*}} = (\bar{q} - 2r_t^{a*})\left[\frac{-(1-\bar{q})^2 b^2 \bar{q}^2}{16a^2} - \frac{\alpha^2 b}{a}\right] < 0$$

für $(\bar{q} - 2r_t^{a*}) > 0$.

[7] Denn es gilt:

$$\frac{\partial(\beta^2 + \alpha^3)}{\partial b} = \frac{2(1-\bar{q})^2 b(\bar{q}^2 - 2\bar{q}(r_t^{a*})^2)}{8^2 a^2} + \frac{\alpha^2(\bar{q}^2 - 2\bar{q}r_t^{a*} + (r_t^{a*})^2)}{3a} > 0.$$

[8] Dies folgt aus:

$$\frac{\partial(\beta^2 + \alpha^3)}{\partial a} = \frac{-(1-\bar{q})^2 b^2(\bar{q} - 2\bar{q}r_t^{a*})^2}{32a^2} - \frac{\alpha^2 b(\bar{q}^2 - 2\bar{q}r_t^{a*} + 2(r_t^{a*})^2)}{2a^2} < 0.$$

gegeben. Die individuellen Übergangswahrscheinlichkeiten $\pi(\pm 1,.)$ spiegeln nun nicht mehr die Vorteilhaftigkeit der Güter wieder. Die individuellen Übergangswahrscheinlichkeiten repräsentieren jetzt die Attraktivität für Diffusionsagenten, sich zur Förderung des Absatzes eines Gutes einzusetzen.

Je höher die Entlohnung der Diffusionsagenten für die absatzfördernde Tätigkeit des Gutes A ist, umso eher können Diffusionagenten geworben werden und umso höher sind diese Diffusionsagenten motiviert. Die Attraktivität für Diffusionsagenten, sich für Gut A einzusetzen, wird durch die individuelle Übergangswahrscheinlichkeit $\pi(-1,.;.,.)$ ausgedrückt. Je höher die Attraktivität ist, desto geringer ist $\pi(-1,.;.,.)$. Entsprechendes gelte für Gut B.

Die Überwindung eines Lock-In's vermittels Diffusionsagenten kann man sich wie folgt denken.[9] Angenommen, der Anteil der Diffusionsagenten $\bar{q}$ sei bei gegebenen Parametern $0 \leq a \leq b \leq 1$ hinreichd gering, so daß es drei singuläre Punkte gibt. Dann kann durch eine Änderung der Absatzpolitik, d.h. durch eine Änderung von $\pi(-1,.)$ oder $\pi(1,.)$ ein Lock-In überwunden werden.

Allerdings sollte nicht vergessen werden, daß der Einsatz von Diffusionsagenten jeder Population von Unternehmen zur Verfügung steht. Diejenigen Unternehmen, die sich infolge eines Lock-Ins in einer glücklichen Lage befinden, können auch Diffusionsagenten einsetzen. Zudem ist anzunehmen, daß diese Unternehmen, durch ihre Marktposition begünstigt, höhere Gewinne erzielen. Hierdurch werden sie in die Lage versetzt, ihre Marktposition durch den Einsatz von Diffusionsagenten

---

[9]Es wäre auch möglich, die Angebotsseite explizit zu modellieren. Hierzu könnte auf die Ausführungen S. 70 ff zurückgegriffen werden. Bei gegebenem $\bar{q}$ könnte die Veränderung der Anspruchsniveaus durch 4.22 und 4.23 abgebildet werden. Der Zusammenhang zwischen Anspruchsdiskrepanz und individueller Übergangswahrscheinlichkeiten kann wieder durch 4.24 und 4.25 dargestellt werden. Wenn es keine Änderung des Ist-Zustandes gäbe, d.h. wenn es keine Änderungen des Marktanteils gäbe, dann handelte es sich bei 4.22 und 4.23 um gedämpfte Systeme. Wenn ein jedes Anspruchsniveau auf Anspruchsdiskrepanzen sehr viel schneller reagiert als sich der Marktanteil ändert, so kann die adiabatische Eliminierungstechnik angewendet werden (siehe *Haken* (1983, S. 194ff)). Die Anwendung der adiabatischen Eliminierungstechnik führt dann zurück auf ein System, das sich von 5.6 und 5.14 nur dadurch unterscheidet, daß $\pi(-1,.)$ durch c und $\pi(1,.)$ durch d ersetzt würde (siehe auch die Ausführungen S. 82).

zu verteidigen.

Implizit wurde bislang stets angenommen, daß Gut A bzw. B nicht von einem, sondern von mehreren Unternehmen bereitgestellt wird. Zwischen den Unternehmen der gleichen Population A bzw. B herrscht ein Informationsfluß. Dieser Informationsfluß, so wird angenommen, sei so groß, daß die Unternehmen dieser Population Neuerungsverhalten von Unternehmen der gleichen Population sehr schnell imitieren können. Deshalb kann ein homogenes Angebot der Unternehmen einer Population A bzw. B als hinreichend genaue Approximation dienen.[10]

Um den Lock-In zu überwinden, können Diffusionsagenten eingesetzt werden, die für ihre Tätigkeit entlohnt werden. Der Einsatz von Diffusionsagenten durch ein Unternehmen kommt jedoch auch allen anderen Unternehmen der gleichen Population zu gute. Ist die Anzahl von Unternehmen einer Population groß, so daß nur ein geringer Anteil der durch Diffusionsagenten induzierten Mehrnachfrage auf ein einzelnes Unternehmen entfällt, so hat ein einzelnes Unternehmen einen geringen Anreiz, Diffusionsagenten einzusetzen. Zum Einsatz von Diffusionsagenten ist dann kollektives Handeln nötig. Denn ein einzelnes Unternehmen besitzt wenig Anreiz, für andere Unternehmen der gleichen Population ein öffentliches Gut zu erbringen (vgl. auch *Witt* (1989, S. 167)).

Hieraus zu folgern, daß dieses Öffentliche Gut in nicht wünschens-

---

[10]Realiter kann man sich den Informationsfluß zwischen den Anbietern, die das gleiche Produkt anbieten, vermittels gemeinsamer R&D- Abteilungen vorstellen. Große Unternehmen sind mitunter in Unterabteilungen gegliedert, die auf dem gleichen Markt miteinander konkurrieren, so daß der Imitation des „Konkurrenzproduktes" keine patentrechtlichen Relgelungen entgegenstehen (vgl. z.B. die Ausführungen von *Romme* (1990)). Die Kooperation zwischen Privatwirtschaft und Universitäten wächst. So wurden in den vergangenen Jahren in den deutschen Bundesländern sogenannte Technologietransferstellen eingerichtet, so daß vornehmlich Unternehmen der gleichen Region Zugang zu der gleichen Wissensbasis haben. Weitere Beispiele für die Zusammenarbeit im Bereich R & D gibt *Metcalfe* (1991, S. 6ff)).

Metcalfe (1991) argumentiert, daß die Zusammenarbeit in Forschung und Entwicklung sogar den Konkurrenzprozeß verbessern würde. Die Überlebensfähigkeit von Unternehmen könne so erhöht werden (Versicherungsaspekt). *Baumol* (1992) argumentiert in die gleiche Richtung. Er merkt jedoch an, daß in Folge der Zusammenarbeit im Bereich R & D ein Preiskartell entstehen könne, das wegen der Gefahr des Ausschlusses von der Zusammenarbeit im R&D-Bereich stabil sein könne.

wertem Ausmaß erbracht wird, ist auf Marktebene etwas voreilig. Denn auf Märkten zählt nicht alleine die Anzahl von Unternehmen, sondern die Unternehmensgröße. Mit steigender Unternehmensgröße steigt die Vorteilhaftigkeit des Einsatzes von Diffusionsagenten für ein Unternehmen.

Die Lösung des ursächlichen Problems, die Überwindung eines Lock- In's, ist von dieser Problematik jedoch nur peripher betroffen. Schließlich ist der Einsatz von Diffusionsagenten nur eine Möglichkeit, einen Lock-In zu überwinden.

5.6 Schlußbemerkungen

In diesem Kapitel wurde ein Modell zur Abbildung sogenannter zweistufiger Kommunikation vorgestellt. Es wird zwischen der Population der Meinungsführer (bzw. Diffusionsagenten) und dem „passiven Publikum" unterschieden. Das „passive Publikum" entscheidet „vollkommen fremdbestimmt".[11] Meinungsführer richten sich ausschließlich an den Eigenschaften der in Frage stehenden Güter aus. Die Vorteilhaftigkeit eines Gutes (der Gebrauchswert) geht bei Vertretern des „passiven Publikums" nicht direkt, sondern nur indirekt über das Verhalten von Meinungsführern (oder Diffusionsagenten) in die Entscheidung ein. Lock-Ins sind möglich.

Es wurde danach gefragt, wie ein solcher Lock-In überwunden werden kann. Es wurde argumentiert, daß durch das Anwachsen der Population der Meinungsführer, ein Lock-In überwunden werden kann. Andererseits wurde auf den bewußten Einsatz von Diffusionsagenten zur Überwindung eines Lock-In's hingewiesen. Diffusionsagenten unterscheiden sich von Meinungsführern dadurch, daß sie für ihre Tätigkeit entlohnt werden. Bei einer großen Population von Unternehmen, die sich durch einen Lock-In benachteiligt sehen, führt mitunter kollektives Handeln zum Einsatz von Diffusionsagenten. Bei unterschiedlicher Unternehmensgröße kann es aus der Sicht eines „großen" Unternehmens lohnend sein, das öffentliche Gut „Diffusionsagent" unabhängig von

---

[11]In den Termini des vorangegangenen Kapitels 4 entscheidet sich ein Repräsentant des „passiven Publikums" mit Wahrscheinlichkeit $1 - q = 1$ nicht autonom.

der Entscheidung der anderen Unternehmen der gleichen Population
bereitzustellen.

Kapitel 6

Diffusionsverlauf von Zwischenprodukten

6.1 Einleitung

„ Lange Zeit war Ökonomie Preistheorie. Evolution kam in ihr nicht vor. Nun hat man die Evolutionstheorie (wieder-) entdeckt — und Preise kommen in ihr nicht vor." (*Schmidtchen* (1990))

Diese Kritik trifft viel weniger die Evolutionstheorie als solche. In vielen Beiträgen, die der Evolutionstheorie im weitesten Sinne zugerechnet werden können, werden Preise als Determinante von Marktprozessen hervorgehoben (siehe z.B. *Nelson* und *Winter* (1982), *Gerybadze* (1982), *Laslier* (1990)). In viel größerem Maße ist diese Kritik auf die betriebswirtschaftlich ausgerichteten Beiträge zur Diffusionsforschung zu richten. Zu großen Teilen kommen Preise in den Differentialgleichungen oder zur Begründung von Differentialgleichungen zur Beschreibung der Ausbreitung neuer Produkte nicht vor. Die Beschreibung des Diffusionsprozesses erfolgte häufig als automatisch verlaufender Prozeß (*Gierl* (1987, S. 36)).

In den Beiträgen zur Diffusionsforschung, in denen Preise als Bestimmungsgründe zur Ausbreitung eines Produktes auftauchen, sind die Preise oder die Preisentwicklung vorgegeben (siehe z.B. *Bass* (1980)). Ein beträchtlicher Teil der Marktdaten entwickelt sich jedoch erst im

Verlauf eines Marktprozesses und wirkt auf ihn zurück (siehe auch *Buchanan* und *Vanberg* (1990)). Dieser Tatsache ist bei der Modellbildung Rechnung zu tragen. Ein großer Teil der betriebswirtschaftlichen Beiträge zur Diffusionforschung besteht entweder aus Analogiebildungen zu Epidemiemodellen oder aus Modifikationen solcher Modelle. Verhaltenswissenschaftliche „Fundierungen" wurden häufig im nachhinein zu geben versucht (*Gierl* (1987)). Andere Beiträge sind durch die Neoklassik inspiriert und versuchen den Diffusionsprozeß durch ein neoklassisches Entscheidungskalkül „mikroökonomisch zu fundieren".

An dieser Stelle soll jedoch nicht die Kritik dieser Vorgehensweise im Vordergrund stehen. Wer an den Unzulänglichkeiten der Neoklassik im Neuerungszusammenhang interessiert ist, sei auf *Witt* (1987, 1990a), verwiesen. Die Schwierigkeiten, die auftreten, wenn versucht wird, die Neoklassik zu „dynamisieren" , behandelt *Witt* (1980). [1] Einen guten Überblick über die betriebswirtschaftlich ausgerichtete Diffuionsforschung vermittelt eine Aufsatzsammlung, die von *Mahajan* und *Wind* (1986) herausgegeben wurde.

Ziel dieses Kapitels ist es, den Einfluß von Preis- und Qualitätsänderungen auf den Diffusionsprozeß eines Zwischenproduktes zu untersuchen. Es zeigt sich, daß Preisbewegungen bzw. Qualitätsänderungen des Zwischenproduktes wie auch Preiskonkurrenz oder Qualitätskonkurrenz auf dem Absatzmarkt einen Einfluß auf den Diffusionsverlauf in quantitativer wie qualitativer Hinsicht haben.

6.2 Modellbeschreibung

Betrachtet wird folgendes Marktsystem. Die beiden Güter A und C stellen Inputs zur Produktion des Gutes B dar. Gut A kann durch Gut C substituiert werden und vice verca. Gut A sei eine Neuerung, Gut C der Input, der bislang zur Produktion des Gutes B diente. Es wird danach gefragt, welchen Einfluß Preis- und Qualitätsänderungen der Inputs A und C wie auch Preis- und Qualitätskonkurrenz auf dem Absatzmarkt des Endproduktes B auf die Ausbreitung des Inputs A haben.

---

[1]Siehe auch die Ausführungen in *Witt* (1982).

Würden Produzenten des Gutes B davon ausgehen, daß die Qualität der Inputs im Zeitverlauf konstant bliebe, so wäre es für sie ein einfaches sich zwischen den beiden Inputs A und C zu entscheiden. Durch Inspektion kann der Preis beider Güter erfragt werden und bei gleicher Qualität fällt die Entscheidung zu Gunsten des billigsten Gutes. Hier werden jedoch auch Qualitätsänderungen zugelassen. Die Änderung der Qualität sei nicht mehr durch Inspektion vor dem Kauf eines Inputs festzustellen. Die Qualität kann nur durch Benutzung festgestellt werden.[2]

Die Produzenten des Gutes B sind gezwungen, nach dem für sie günstigsten Input zu suchen. Was günstig ist, wird teils durch die Kosten zur Herstellung des Gutes B bestimmt, zum anderen aber auch durch die Eigenschaften, die der jeweilige Input A bzw. C, dem Endprodukt B verleiht. Durch die objektive Neuerung, verkörpert durch Input A, und deren Einsatz zur Produktion des Endproduktes B wird aus dem bislang homogenen Angebot des Endproduktes B ein inhomogenes Angebot. Änderungen der Präferenzen der Nachfrager von Gut B können den Einsatz von Gut A zur Produktion von Gut B forcieren oder abschwächen.

Können die Anbieter von Gut B in der skizzierten, wenig strukturierten Situation überhaupt Erwartungen bilden? Man könnte an die Bildung von subjektiven Wahrscheinlichkeiten denken, doch dieser Weg erscheint in der vorliegenden, wenig strukturierten Situation nicht gangbar (vgl. *Witt* (1987, S. 63)). Daß Individuen Erwartungen bilden, die Grundlage ihrer Entscheidungen sind, wird hier nicht bestritten. Doch Preisänderungen und Qualitätsänderungen können im Neuerungszusammenhang ebensowenig antizipiert werden wie Präferenzänderungen der Nachfrager nach Gut B. Es ist zu erwarten, daß die Pläne der Marktteilnehmer sich mitunter als nicht realisierbar herausstellen. Denn im Verlauf des Marktprozesses entwickelt sich durch die Handlungen der Marktteilnehmer erst ein großer Teil der Marktdaten, an denen sich wiederum die Marktteilnehmer ausrichten. Der Marktprozeß wird somit ständig von Planrevisionen begleitet, die durch den Marktprozeß induziert sind und die ihn andererseits selbst beeinflussen.

---

[2]Man spricht in diesem Fall in der Suchmarktliteratur von einem Erfahrungsgut.

Die Darstellung des Marktprozesses erfolgt mit Hilfe des zuvor bereitgestellten Instrumentariums. Das Zusammenwirken von Nachfrage und Angebot kann holzschnittartig wie folgt charkterisiert werden: Die Nachfrager passen sich an gegebene Angebotsbedingungen an. Hierdurch kommt es mitunter zu Nachfrageverschiebungen zwischen den Inputs A und C. Absatzverluste, die durch diese Nachfrageverschiebungen hervorgerufen wurden, bewirken Anspruchsniveauverletzungen. Es wird nach Strategien gesucht, um der Verletzung des Anspruchsniveaus zu begegnen. Werden detaillierte Voraussetzungen über das Neuerungsverhalten getroffen, so können Aussagen über den Diffusionsverlauf des Inputs A (und damit auch implizit des Inputs C) getroffen werden.

6.3   Das Modell

Zunächst werden die Bewegungsgleichungen zur Beschreibung des Anbieterverhaltens begründet. Um die Darstellung zu vereinfachen, wird angenommen, daß jeder Produzent des Gutes B entweder eine Einheit von Gut A oder eine Einheit von Gut C pro Periode zur Produktion von Gut B einsetzt. Die Marktnachfrage nach Input A und Input C in einer Periode wird mit n_A respektive n_C bezeichnet. Im Verlauf des Marktprozesses wird davon ausgegangen, daß kein Produzent des Gutes B aus dem Markt ausscheidet, noch in den Markt eintritt. Aus diesem Grund kann die Variable

$$\frac{n_A}{n} := 1 - \frac{n_C}{n}$$

eingeführt werden. n bezeichnet hierbei die gesamte Anzahl an Unternehmen, die Gut B produzieren. $\frac{n_A}{n}$ gibt den Anteil derjenigen Produzenten des Gutes B an, die den Input A verwenden.

6.3.1   Die Angebotsseite

Die Angebotsseite wird explizit betrachtet. Gut A werde von den Anbietern A und Gut C werde von den Anbietern C produziert und angeboten. Jeder Anbieter biete nur ein Produkt an. Es wird angenommen, daß die jeweiligen Anbieter der Inputs A und C mit hoher kognitiver Beteiligung entscheiden. Deshalb wird die Satisficing-Hypothese angewendet.[3]

Als Ist-Zustand der jeweiligen Unternehmensgruppe dient der Marktanteil dieser Unternehmensgruppe. Die Bewegungsgleichungen 4.22 und 4.23 (siehe S. 70f) werden hier sinngemäß verwendet, um die Änderungen der jeweiligen Anspruchsniveaus abzubilden:

$$\frac{dy_A}{dt} = a[exp(-(y_A - E(\frac{n_A}{n}))) - 1].\tag{6.1}$$

$$\frac{dy_C}{dt} = b[exp(-(y_C - E(\frac{n_C}{n}))) - 1].\tag{6.2}$$

a und b sind Verhaltensparameter (besser: Reaktionsparameter). Zur näheren Erklärung der Bewegungsgleichungen siehe S. 70ff.

Um das Modell zu schließen ist eine Hypothese über den Zusammenhang zwischen Anbieterverhalten und Nachfrageverhalten nötig. Bei einer positiven Anspruchsdiskrepanz suchen die Unternehmen einer Unternehmensgruppe nach Möglichkeiten, diese Anspruchsdiskrepanz zu verringern. Ob die Suche erfolgreich ist, ist bei der Satisficing-Hypothese offen. Deshalb wird die Satisficing-Hypothese wie folgt ergänzt: Eine positive Anspruchsdiskrepanz führe zu einer Verbesserung des Angebots und eine negative Anspruchsdiskrepanz führe zu einer Verschlechterung des Angebots. Es wird wiederum folgender Zusammenhang zwischen Anspruchsdiskrepanz und individueller Übergangswahrscheinlichkeit angenommen:

$$\hat{\pi}(-1; E(\frac{n_A}{n}), y_A) = c - y_A + E(\frac{n_A}{n})\tag{6.3}$$

bzw.

$$\hat{\pi}(1; E(\frac{n_A}{n}), y_C) = d - y_C + 1 - E(\frac{n_A}{n}).\tag{6.4}$$

c und d sind hierbei Verhaltensparameter und sind jeweils kleiner als Eins und größer als Null.[4] Nähere Erläuterungen zu diesen beiden Gleichungen finden sich S. 72.

---

[3]Streng genommen dient die Satisficing-Hypothese zur Beschreibung individuellen Verhaltens (siehe *Witt* (1987, S. 139-147)). Deshalb ist es nicht unproblematisch die Satisficing-Hypothese zur Beschreibung des Verhaltens ganzer Unternehmen oder ganzer Gruppen von Unternehmen zu verwenden.

[4]Zudem muß gefordert werden, daß der Definitionsbereich der individuellen Ü-

6.3.2　Die Nachfrageseite

Das Verhalten der Nachfrager nach den Inputs A und C wird mit Hilfe der individuellen Übergangswahrscheinlichkeit π abgebildet. Die Übergangswahrscheinlichkeit π hängt von Preis- und Qualitätsänderungen der Inputs A und C (also von $\hat{\pi}$) und von den Konkurrenzbedingungen auf dem Absatzmarkt für Gut B ab.

Dem Modell liegen folgende Plausibilitätsüberlegungen zu Grunde.

- Mit steigendem Inputpreis p_A und p_C steigt c.p. die individuelle Übergangswahrscheinlichkeit $\pi(-1,.)$ bzw. $\pi(1,.)$. $\pi(1,.)$ gibt hierbei die Wahrscheinlichkeit an, mit der ein Produzent des Gutes B von Gut C nach Gut A wechselt[5]. $\pi(-1,.)$ gibt die Wahrscheinlichkeit an, mit der ein Produzent des Gutes B von A nach C wechselt.

- Steigt die Qualität des Gutes A und des Gutes C, so sinkt c.p. die individuelle Übergangswahrscheinlichkeit $\pi(-1,.)$ bzw. $\pi(1,.)$.

- Kommt es auf dem Absatzmarkt für das Endprodukt B zu Preiskonkurrenz, so steigt die Übergangswahrscheinlichkeit nach dem relativ vorteilhafteren Input zu wechseln.

- Findet ein Präferenzwandel der Nachfrager des Gutes B solchermaßen statt, daß die Eigenschaften, die Input A dem Gut B verleiht, bevorzugt werden, so steigt die Übergangswahrscheinlichkeit, zu dem relativ vorteilhafteren Input A überzuwechseln (und entsprechend umgekehrt).

Änderungen von Preis- oder Qualität der Inputs werden durch die Übergangswahrscheinlichkeiten $\hat{\pi}(.,.)$ berücksichtigt. Steigt in einer Modellsimulation etwa $\hat{\pi}(-1,.)$, so kann auf eine Qualitätsverschlechterung oder auf eine Preiserhöhung des Inputs A zurückgeschlossen werden.

---

bergangswahrscheinlichkeiten nicht verlassen wird. Ansonsten sollte besser von Übergangsraten gesprochen werden.

[5]Man kann auch sagen, es ist die Wahrscheinlichkeit mit der sich n_A sich um Eins erhöht und n_C sich um Eins verringert.

Die Nachfrage nach dem Gut B hängt von sehr vielen Variablen ab. Die Komplexität des Modells wird zusätzlich dadurch erhöht, daß die Variablen zum Teil von dem Marktprozeß selbst abhängig sind und andererseits wiederum auf den Marktprozeß zurückwirken. Wollte man tatsächlich all diese Facetten des Modells unter expliziter Berücksichtigung dieser Variablen beschreiben, so bliebe nur der Ausweg zur Simulation.[6]

Es ist jedoch möglich, Veränderungen auf der Nachfrageseite des Gutes B mit nur einer Variablen zu beschreiben. Dies wird möglich, indem man annimmt, daß durch den Anteil der Nachfrager nach Gut A, $\frac{n_A}{n}$, endogen induzierte Preis-, Qualitätskonkurrenz oder Präferenzwandel auf dem Markt für Gut B approximativ erfaßt werden kann. Angenommen, es käme auf dem Absatzmarkt für Gut B zu einer Preis- oder Qualitätskonkurrenz, wodurch die Güter B, die mit Input C hergestellt würden, sukzessive einen größeren Marktanteil verlieren würden, so würde die abgeleitete Nachfrage nach Input C sicher zurückgehen. Anders gewendet, steigt dann mit zunehmendem Anteil des Inputs A $\frac{n_A}{n}$ die individuelle Übergangswahrscheinlichkeit $\pi(1,.)$.

Der funktionale Verlauf der individuellen Übergangswahrscheinlichkeit $\pi(1,.)$ hängt von der Zeitlichkeit der Verbesserung der Vorteilhaftigkeit des Inputs C im Vergleich zu der Stärke der Preis- oder Qualitätskonkurrenz auf dem Absatzmarkt des Gutes B ab. Es kann sein, daß der eine Effekt den anderen völlig überlagert. All dies drückt sich in dem Verlauf der individuellen Übergangswahrscheinlichkeit $\pi(1, \frac{n_A}{n})$ aus.[7]

Wenn es auf dem Absatzmarkt für Gut B zu keinen Änderungen

---

[6]Die Ergebnisse von Simulationsstudien werden gemeinhin als nicht so verläßlich angesehen, wie die analytischer Studien. Der Grund liegt in der fehlenden Beschreibung der Eigenschaften des gesamten Lösungsraumes von Simulationen. Zudem sind Simulationsstudien dem Leser im allgemeinen schwer vermittelbar. Aus diesen Gründen lehnt vermutlich *Völker* (1990) den evolutorischen Ansatz ab, da er in Simulatinosstudien das Instrumentarium der evolutorischen Ökonomik vermutet. An sich ist diese Schlußfolgerung bedauerlich. Denn *Völker* (1990) sieht die Unzulänglichkeiten des neoklassischen Ansatzes zum Studium der Auswirkung von Neuerungsverhalten ohne jedoch die notwendigen Konsequenzen hieraus zu ziehen.

[7]Entsprechende Zussammenhänge gelten analog für den Input A.

kommt, so ist

$$\pi(1,.) = \hat{\pi}(1,.), \quad \pi(-1,.) = \hat{\pi}(-1,.). \tag{6.5}$$

Angenommen, es handele sich bei Input A um eine Innovation und es käme zu einer *allmählichen* Preis- oder Qualitätskonkurrenz oder Präferenzwandel, so daß jene Anbieter des Gutes B, die Input C einsetzen, Absatzverluste hinnehmen müßten. Dann gelten folgende Zusammenhänge:

$$\pi(1,.) = \hat{\pi}(1,.) \cdot E(\frac{n_A}{n}), \quad \pi(-1,.) = \hat{\pi}(-1,.). \tag{6.6}$$

Kommt es dagegen kurz nach der Markteinführung des Inputs A infolge starker Preis- oder Qualitätskonkurrenz zu starken Marktanteilsverlusten der Anbieter des Gutes B, die Input C einsetzen, so kann dies durch

$$\pi(1,.) = \frac{1}{2}(\hat{\pi}(1,.) + f \cdot E(\frac{n_A}{n})), \pi(-1,.) = \hat{\pi}(-1,.), \tag{6.7}$$

$0 < f < 1$ abgebildet werden.

Bislang wurde das Verhalten auf individueller Ebene beschrieben. Ohne zusätzliche Informationen oder Voraussetzungen ist der Übergang von der mikroskopischen zur makroskopischen Ebene nicht zu bewerkstelligen. Der Übergang zur „makroskopischen" Ebene wird dadurch erleichtert, daß angenommen wird, daß die individuellen Übergangswahrscheinlichkeiten $\pi(1,.)$, $\pi(-1,.)$ für alle Produzenten des Gutes B einander gleich sind. Die individuelle Übergangswahrscheinlichkeit $\pi(.,.)$ gibt die Wahrscheinlichkeit an, mit der ein Individuum pro marginaler Zeiteinheit von einem Gut zum anderen wechselt. Die makroskopische Übergangswahrscheinlichkeit $w[\pm v,.]$ gibt die Wahrscheinlichkeit an, mit der pro marginaler Zeiteinheit v Individuen wechseln. Da zusätzlich vorausgesetzt wurde, daß die Unternehmen der Branche B stochastisch unabhängig voneinander entscheiden, wird der Zusammenhang zwischen individueller und makroskopischer Übergangswahrscheinlichkeit durch eine Binomialverteilung adäquat wiedergespiegelt.

Die Herleitung der approximativen Bewegungsgleichung für den Erwartungswert $E(n_A)$ auf Grundlage der Mastergleichung findet sich in Kapitel 3. Als approximative Bewegungsgleichung für den Erwartungswert ergibt sich:

$$\frac{d\,E(\frac{n_A}{n})}{d\,t} = \pi(1,.) - E(\frac{n_A}{n})(\pi(1,.) + \pi(-1,.)). \tag{6.8}$$

Je nachdem, welche der angegebenen Spezifikationen 6.5, 6.6, 6.7 für die individuellen Übergangswahrscheinlichkeiten gewählt werden, erhält man drei Modelle mit verschiedenen Modelleigenschaften.[8] Wird 6.5 in 6.8 eingesetzt, so ergibt sich:

$$\frac{d\,E(\frac{n_A}{n})}{d\,t} = d - y_C + 1 - E(\frac{n_A}{n})(d - y_C + 2 + c - y_A). \tag{6.9}$$

Einsetzen von 6.6 in 6.8 liefert

$$\frac{d\,E(\frac{n_A}{n})}{d\,t} = (d - y_C + 1 - E(\frac{n_A}{n}))E(\frac{n_A}{n})$$

$$-E(\frac{n_A}{n})[(d - y_C + 1 - E(\frac{n_A}{n}))E(\frac{n_A}{n}) + c - y_A + E(\frac{n_A}{n})] \tag{6.10}$$

und einsetzen von 6.7 in 6.8 ergibt

$$\frac{d\,E(\frac{n_A}{n})}{d\,t} = \tfrac{1}{2}(1 - E(\frac{n_A}{n}))[d - y_C + 1 - E(\frac{n_A}{n}) + fE(\frac{n_A}{n})]$$

$$-E(\frac{n_A}{n})(c - y_A + E(\frac{n_A}{n})). \tag{6.11}$$

Modellvariante I ist durch die Differentialgleichungen 6.1, 6.2 und 6.9, Modellvariante II durch 6.1, 6.2 und 6.10 und Modellvariante III durch 6.1, 6.2 und 6.11 charakterisiert.

6.4 Modellimplikate

6.4.1 Modellvariante I

In Kapitel 4 wurde Modellvariante I schon behandelt. Sie ergibt sich dort für den Parameterwert $q = 1$ und den Gleichungen 4.22, 4.23 und 4.26. In Kapitel 4 wurde gezeigt, daß der singuläre Punkt $((\frac{n_A}{n})^*, (\frac{n_A}{n})^*, 1 - (\frac{n_A}{n})^*)$ mit

$$\frac{n_A{}^*}{n} = \frac{d}{c + d}$$

---

[8]Es erfolgt hier eine Beschränkung auf diese drei Varianten, weitere Modifikationen sind möglich.

des Differentialgleichungssystems 4.22, 4.23 und 4.26 (und damit des Differentialgleichungssstems 6.1, 6.2 und 6.9) lokal stabil ist. Die dort aufgezeigten Diffusionsverläufe für $q = 1$ wurden mit den Diffusionsverläufen kontrastiert, die sich bei Existenz eines Band-Wagoneffektes ergeben können.[9] Modellvariante I dient hier lediglich als Referenzmodell für die nachfolgenden Modellvarianten.

Wie man an den Differentialgleichungen 6.1 und 6.2 erkennt, werden die Bewegungen der Anspruchsniveaus gedämpft. Sind die Reaktionsparameter a und b sehr groß,[10] so kann die adiabatische Eliminierungstechnik (*Haken* (1983))angewendet werden. Man sagt auch, daß die Anspruchsniveaus durch den Marktanteil $\left(\frac{n_A}{n}\right)$ „versklavt" werden. Die Gleichungen 6.1 und 6.2 können dann gleich Null gesetzt, nach y_A bzw. y_C aufgelöst und in 6.9 eingesetzt werden. Man erhält dann

$$\frac{d\,E(\frac{n_A}{n})}{d\,t} = d - E(\frac{n_A}{n})(d + c).$$

Die zugehörige Potentialfunktion ist eine Parabel, die nach oben geöffnet ist. Somit ist der singuläre Punkt stabil. Der Diffusionsverlauf korrespondiert mit dem Verlauf der Potentialfunktion: Konkaven Bereichen der Potentialfunktion stehen konvexe Bereiche des Diffusionsverlaufs gegenüber. Da die Potentialfunktion eine Parabel ist, weist der Diffusionsverlauf keinen s-förmigen Bereich auf. Auch für „kleine" Reaktionsparameter a und b, wenn also die adiabatische Eliminierungstechnik nicht angewendet werden kann, ergaben sich keine s-förmigen Diffusionsverläufe.

Die Diffusionsverläufe ändern sich, wenn die Reaktionsparameter a und b unterschiedlich groß sind. Verändern die Anbieter C ihr Anspruchsniveau y_C sehr viel langsamer als die Anbieter A, d.h. $b \ll a$, so ist die Diffusionskurve zwar weiterhin konvex, aber der Marktanteil der Produktinnovation A steigt nicht mehr kontinuierlich. Ab einem bestimmten Zeitpunkt sinkt der Marktanteil des Inputs A, $\left(\frac{n_A}{n}\right)$, ein

---

[9] Bei den im folgenden abgebildeten Diffusionsverläufen handelt es sich um Computersimulationen. Im Vergleich zu reinen Computersimulationen werden hier jedoch die Stabilitätseigenschaften der singulären Punkte untersucht.

[10] „Groß" bedeutet hier, groß im Verhältnis zu der Zahl Eins. Denn der Reaktionsparameter der Gleichung 6.8 ist gleich Eins.

Diagramm 6.1: Diffusionsverlauf

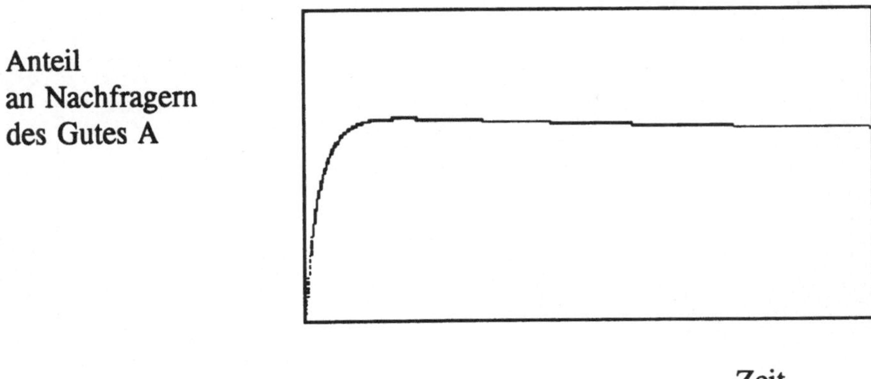

$(a = 20, b = 0, 1, c = 0, 4, d = 0, 6)$

wenig (siehe Diagramm 6.1). Passen dagegen die Anbieter A ihr Anspruchsniveau y_A sehr viel langsamer an als die Anbieter C, so steigt der Anteil des Inputs A, $(\frac{n_A}{n})$, weiterhin kontinuierlich.[11]

6.4.2 Modellvariante II

Modellvariante II wurde in keinem der vorangegangenen Kapitel behandelt. Gleichung 6.10 wird etwas vertrauter, wenn die adiabatische Eliminierungstechnik angewendet wird. Werden 6.1 und 6.2 gleich Null (a, b seien groß) gesetzt und in 6.10 eingesetzt, so erhält man:

$$\frac{d\,E(\frac{n_A}{n})}{d\,t} = E(\frac{n_A}{n})(d - c - dE(\frac{n_A}{n})), d > c. \tag{6.12}$$

Die Lösung dieser Differentialgleichung führt zur sogenannten logistischen Funktion (siehe *Körth, Otto, Runge, Schoch* (1975, S. 600f)). Die

---

[11]Die Simulationsverläufe wurden mit Hilfe eines eigenen kleinen GWBASIC-Programms durchgeführt.

Diagramm 6.2: Potentialfunktion
$(c = 0,1; \; d = 0,5)$

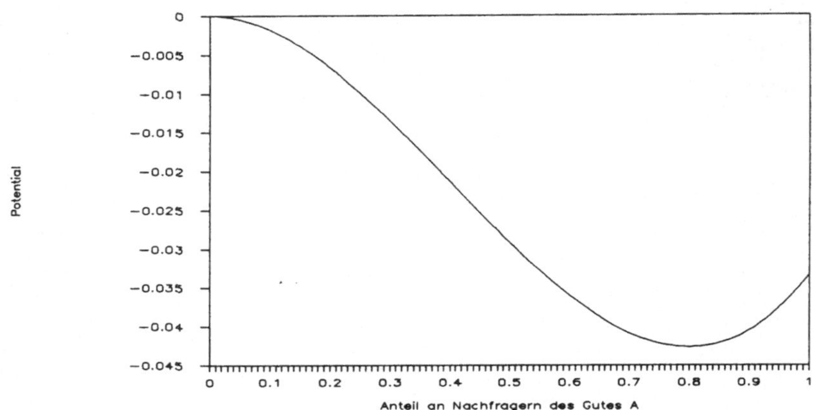

logistische Funktion ist s-förmig. Die zugehörige Potentialfunktion

$$Potential = -(d-c)\frac{(E(\frac{n_A}{n}))^2}{2} + d\frac{(E(\frac{n_A}{n}))^3}{3} \qquad (6.13)$$

ist in Diagramm 6.2 abgebildet. Demgemäß gibt es einen stabilen und einen instabilen Punkt.

Aus Gleichung 6.12 wird sofort deutlich, daß das Differentialgleichungssystem 6.1, 6.2 und 6.11 zwei singuläre Punkte $\left(\frac{n_A}{n}\right)^*, \left(\frac{n_A}{n}\right)^*, 1 - \left(\frac{n_A}{n}\right)^*)$ mit

$$\left(\tfrac{n_A}{n}\right)_1^* = 0, \quad \left(\tfrac{n_A}{n}\right)_2^* = \tfrac{d-c}{d}, \quad d > c$$

besitzt. Der singuläre Punkt $\left(\left(\frac{n_A}{n}\right)_1^*, \left(\frac{n_A}{n}\right)_1^*, 1 - \left(\frac{n_A}{n}\right)_1^*\right)$ ist instabil und der singuläre Punkt $\left(\frac{n_A}{n}\right)_2^*, \left(\frac{n_A}{n}\right)_2^*, 1 - \left(\frac{n_A}{n}\right)_2^*)$ ist asymptotisch stabil.

Denn durch

$$V = (E(\frac{n_A}{n}) - \frac{n_A}{n}^*)^2 + (y_A - y_A^*)^2 + (y_C - y_C^*)^2$$

ist eine Lyapunovfunktion gegeben (siehe *Verhulst* (1990)) Die orbitale

Abweichung

$$L_t V \quad := \quad \frac{\partial V}{\partial t} + \frac{\partial V}{\partial E(\frac{n_A}{n})} \frac{d\,E(\frac{n_A}{n})}{d\,t}$$

$$+ \frac{\partial V}{\partial y_A} \frac{dy_A}{d\,t} + \frac{\partial V}{\partial y_B} \frac{dy_B}{d\,t},$$

ist im singulären Punkt $((\frac{n_A}{n})_2^*, (\frac{n_A}{n})_2^*, 1 - (\frac{n_A}{n})_2^*)$ negativ definit.[12] Folglich ist der singuläre Punkt $(\frac{n_A}{n}{}_2^*, \frac{n_A}{n}{}_2^*, 1 - \frac{n_A}{n}{}_2^*)$ asymptotisch stabil.

Der singuläre Punkt $(\frac{n_A}{n}{}_1^*, \frac{n_A}{n}{}_1^*, 1 - \frac{n_A}{n}{}_1^*)$ ist für

$$(b + a - d + c)(ab - (d - c)(a + b)) + ab(a - c) \neq 0$$

instabil. Die Instabilität wird mit der Methode der Linearisierung überprüft.

Das zu 6.1, 6.2 und 6.10 linearisierte System ist durch

---

[12]Denn

$$\frac{\partial V}{\partial E(\frac{n_A}{n})} \leq 0,$$

wenn

$$\frac{d\,E(\frac{n_A}{n})}{d\,t}\Big|_{(\frac{n_A}{n})_2^*,(\frac{n_A}{n})_2^*,1-(\frac{n_A}{n})_2^*} \geq 0.$$

Dies erkennt man, wenn man beachtet, daß die Potentialfunktion 6.13 hergeleitet wurde, nachdem die adiabatische Eliminierungstechnik angewendet wurde, d.h. wenn keine Anspruchsdiskrepanzen vorliegen. Wird dann die Steigung der Potentialfunktion 6.13 betrachtet und berücksichtigt, daß

$$\frac{\partial \frac{n_A}{n}}{d\,t} = \frac{-d\,Potential}{d\,\frac{n_A}{n}},$$

so erhält man das angegebene Ergebnis.

Zudem gilt

$$\frac{\partial V}{\partial y_A} \leq 0,$$

wenn

$$\frac{dy_A}{d\,t}\Big|_{(\frac{n_A}{n})_2^*,(\frac{n_A}{n})_2^*,1-(\frac{n_A}{n})_2^*} \geq 0$$

und

$$\frac{\partial V}{\partial y_C} \leq 0,$$

wenn

$$\frac{dy_C}{d\,t}\Big|_{(\frac{n_A}{n})_2^*,(\frac{n_A}{n})_2^*,1-(\frac{n_A}{n})_2^*} \geq 0.$$

$$\frac{d(\frac{n_A}{n}, y_A, y_C)'}{d\,t} = \mathbf{A}\left(\frac{n_A}{n} - \frac{n_A{}^*}{n_{\,1}}, y_A - y_{A,1}^*, y_C - y_{C,1}^*\right)'$$

mit

$$\mathbf{A} = \begin{pmatrix} d - c & 0 & 0 \\ a & -a & 0 \\ -b & 0 & -b \end{pmatrix}$$

gegeben. Die Bestimmungsgleichung für die Eigenwerte lautet:

$$\lambda^3 + \lambda^2(b + a - d + c) + \lambda(ab - (a + b)(d - c)) - ab(d - c) = 0.$$

Somit hat die Routh-Hurwith-Matrix folgende Gestalt (*Richter, Schlieper, Friedmann* (1981, S. 691ff)):

$$\begin{pmatrix} a + b - d + c & -ab(d - c) & 0 \\ 1 & ab - (d - c)(a + b) & 0 \\ 0 & a + b - d + c & -ab(d - c) \end{pmatrix}.$$

Die Hauptminoren der Routh-Hurwitz-Matrix sind

$$i : b + a - d + c$$

$$ii : (b + a - d + c)(ab - (d - c)(a + b)) + ab(d - c)$$

$$iii : (b + a - d + c)(ab - (d - c)(a + b))(-ab(d - c)) - (-ab(d - c))^2.$$

Ist ein Hauptminor der Routh-Hurwitz-Matrix negativ, so ist der betrachtete sinuläre instabil (*Richter, Schlieper, Friedmann* (1981, S. 691ff)). Angenommen, i oder ii wäre negativ. Dann wäre die Instabilität des singulären Punktes $(\frac{n_A{}^*}{n_{\,1}}, \frac{n_A{}^*}{n_{\,1}}, 1 - \frac{n_A{}^*}{n_{\,1}})$ schon gezeigt. Angenommen jedoch, ii wäre positiv. Dann sind zwei Fälle zu unterscheiden

$(d > c)$:

$$iv : (b + a - d + c)(ab - (d - c)(a + b)) > 0; ab(d - c) > 0$$

$$v : (b + a - d + c)(ab - (d - c)(a + b)) < 0;$$
$$ab(d - c) > (b + a - d + c)(ab - (d - c)(a + b)).$$

Trifft Fall iv zu, so ist iii sicher negativ, da beide Summanden negativ sind. Sollte v gelten, so ist der erste Summand in iii zwar positiv, aber der zweite Summand ist negativ und sicher größer als der erste Summand. Folglich ist mindestens ein Hauptminor negativ und der singuläre Punkt $(\frac{n_A}{n}_1^*, \frac{n_A}{n}_1^*, 1 - \frac{n_A}{n}_1^*)$ ist instabil. Probleme gibt es nur dann, wenn ii gleich Null ist. Dann ist auch iii gleich Null und die Stabilität oder Instabilität des singulären Punktes hängt von i ab. Sollte zusätzlich i gleich Null sein, so führt die Methode der Linearisierung zu keinem Ergebnis.

Auch für den Fall, daß die adiabatische Eliminierungstechnik nicht durchgeführt werden kann, wurden Simulationsläufe durchgeführt. Die so gewonnenen Diffusionsverläufe sind s-förmig. Ist der Reaktionsparameter $b \ll a$ so steigt der Marktanteil der Produktinnovation A zunächst s-förmig an und sinkt dann langsam (siehe Diagramm 6.3). Sind die Reaktionsparameter a, b gleich groß, so ist der Diffusionsverlauf symmetrisch.[13] Dieses Ergebnis wurde in den Simulationsläufen unabhängig von der Höhe der Parameter a und b erzielt. Ist $a \ll b$, so wird der Diffusionsverlauf asymmetrisch (siehe Diagramm 6.4).

6.4.3 Modellvariante III

Bei Modellvariante III soll nur der Fall betrachtet werden, in dem die adiabatische Eliminierungstechnik angewendet werden kann, d.h. wenn

---

[13]Bei einer symmetrischen Diffusionskurve verläuft die Diffusionskurve nach dem Inflektionspunkt spiegelbildlich zu dem Verlauf vor dem Inflektionspunkt. Als Inflektionspunkt bezeichnet man den Punkt, bei dem

$$\frac{d(\frac{n_A}{n})}{dt}$$

sein Maximum annimmt (siehe *Mahajan* und *Wind* (1986a, S. 6ff)).

Diagramm 6.3: Diffusionsverlauf

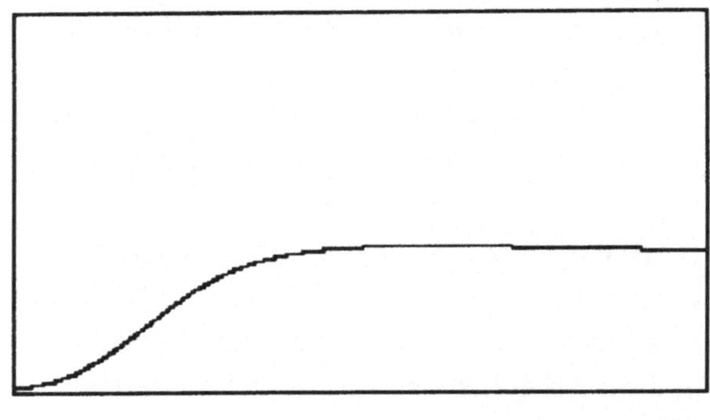

$(a = 20, b = 0, 1, c = 0, 4, d = 0, 6)$

Diagramm 6.4: Diffusionsverlauf

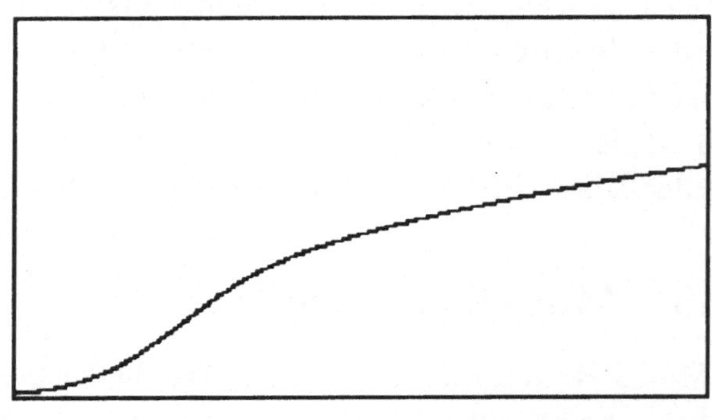

$(a = 0, 1, b = 20, c = 0, 1, d = 0, 6)$

a und b groß sind. Die Anwendung dieser Technik führt zu Gleichung

$$\frac{d\,E(\frac{n_A}{n})}{d\,t} = -\frac{f}{2}(E(\frac{n_A}{n}))^2 + E(\frac{n_A}{n})(\frac{f}{2} - (\frac{d}{2} + c)) + \frac{d}{2}. \qquad (6.14)$$

Als singuläre Punkte erhält man

$$(\frac{n_A}{n})_{1,2} = -[\frac{\frac{d}{2} + c}{f} - \frac{1}{2}] \pm \sqrt{\frac{d}{f} + (\frac{\frac{d}{2} + c}{f} - \frac{1}{2})^2}.$$

Da der Definitionsbereich von $(\frac{n_A}{n})$ zwischen Null und Eins liegt, andererseits aber mindestens ein singulärer Punkt negativ ist, gibt es nur einen relevanten singulären Punkt und dieser singuläre Punkt ist stabil, wie man an der graphischen Darstellung der Potentialfunktion

$$Potential = \frac{-d}{2}E(\frac{n_A}{n}) + \frac{(E(\frac{n_A}{n}))^2}{2}(\frac{d}{2} + c) - \frac{f(E(\frac{n_A}{n}))^2}{4} + \frac{(E(\frac{n_A}{n}))^3 f}{6}$$
$$(6.15)$$

in Diagramm 6.5 erkennen kann. Je geringer d oder je geringer c ist, desto weiter rechts liegt der Wendepunkt der Potentialfunktion[14] 6.15 und desto eher sind s-förmige Diffusionsverläufe zu erwarten. Für $d = 0$; $\frac{f}{2} > c$ führt die Lösung von 6.14 zur logistischen Funktion.

6.5 Schlußbemerkungen

Bei der Abbildung des Marktprozesses wurde an den Motivationshypothesen von *Witt* (1987) angeknüpft. Zum einen wird auf die Satisfising-Hypothese zur Motivation von Suchverhalten zurückgegriffen. Zum anderen wird implizit angenommen, daß die Nachfrager nach den Inputs A und C mit geringer kognitiver Beteiligung handeln. Dies schlägt sich hier in der Verwendung des Konzeptes der Übergangswahrscheinlichkeit zur Beschreibung des Nachfrageverhaltens nach den beiden Inputs A und C nieder.

---

[14]Denn

$$\frac{\partial \frac{\partial E(\frac{n_A}{n})}{\partial t}}{\partial E(\frac{n_A}{n})} = -f E(\frac{n_A}{n}) + \frac{f}{2} - \frac{d}{2} - c = 0$$

$$\Leftrightarrow E(\frac{n_A}{n}) = \frac{1}{2} - \frac{d}{2f} - \frac{c}{f}.$$

Diagramm 6.5: Potentialfunktion
$(c = 0, 1; \; d = 0, 5 \; f = 1)$

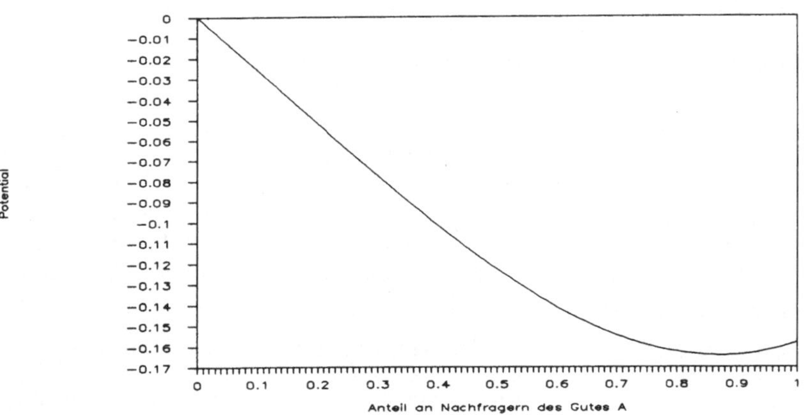

In vorliegendem Modell wird ein breites Spektrum von unternehmerischen Instrumentvariablen zugelassen. Als Instrumentvariable sind
Preis wie Qualität möglich. Es ist auch denkbar, daß Anbieter des
Inputs A oder des Inputs B durch Werbung versuchen auf den Marktprozeß Einfluß zu nehmen. Werbung kann man jedoch auch als Qualitätsänderung auffassen (siehe *Kirzner* (1973)), und ist somit in dem
vorgestellten Modell als Spezialfall enthalten.

Die vorgestellte Betrachtung des Marktprozesses für ein Zwischen-
produkt macht deutlich, daß der Versuch, die Ausbreitung eines Produktes durch Extrapolation zu schätzen, mit einigen Schwierigkeiten
verbunden ist. Es sind recht allgemeine aber detaillierte Voraussetzungen nötig, um eine Prognose in qualitativer wie quantitativer Hinsicht
wagen zu können. Das Ausmaß, in dem Unternehmen ihre Anspruchsniveaus anpassen hat ebenso einen Einfluß auf den Diffusionsverlauf
wie Preis-, Qualitätskonkurrenz oder Präferenzänderungen auf dem Absatzmarkt des Gutes B.

Es zeigt sich, daß ein s-förmiger Diffusionsverlauf nicht ausschließlich durch den Bandwagon-Effekt erklärbar ist. Durch das Zusammenspiel der Marktkräfte, die auf dem betrachteten Markt für Einsatz-

faktoren, wie auch Absatzmärkten wirksam werden, können s-förmige Diffusionsverläufe generiert werden.[15]

Das Modell kann für betriebswirtschaftliche Planungen von einigem Interesse sein. Dies betrifft insbesondere die Planung von Produktionskapazitäten. Im Gegensatz zu vielen betriebswirtschaftlichen Beiträgen zur Diffusionsforschung werden hier die Einflüsse von Beschaffungsmarkt und Absatzmarkt in die Betrachtung mit einbezogen. Die in der Neoklassik übliche Voraussetzung der vollkommenen Information wurde in vorliegendem Zusammenhang *nicht* verwendet.

---

[15]Eine Studie, die die Ausbreitung von Webstühlen in Japan nachzeichnet, haben *Minami* und *Makino* (1990) vorgelegt. Als einen wichtigen Faktor, der die Adoption neuer Güter bestimmt, haben sie — nicht völlig überraschend — die Profitabilität identifiziert.

Kapitel 7

Marktverlauf bei freiem Marktzutritt

The comparative profitability of decision rules determines which decision rules will tend to become predominant over time. However, the profitability clearly depends on the market prices confronting the collection of firms with similar decision rules. The price vector in turn depends, however, on the decision rules of all of the individual firms therein — a dependency discussed in the subdiscipline called market theory. Therefore, no theory of long-run evolutionary change can logically take the environment of the individual collection of firms as exogenous. (*Winter* (1971, S. 258))[1]

7.1 Einleitung

In diesem Kapitel soll — wie in obigem Zitat angedeutet — das Zusammenspiel zwischen individuellen Entscheidungen und Umgebungsbedingungen beleuchtet werden. Zur Abbildung des Anbieterverhaltens wird auf die Satisficing-Hypothese[2] zurükgegriffen. Die Satisficing-

---

[1]Zur Erhöhung der Lesbarkeit wurden die biologischen Analogien, die in *Winter* (1971) enthalten sind, weggelassen.

[2]Die Satisficing-Hypothese wurde schon in Kapitel 2 vorgestellt und diskutiert. Auf eine erneute Begriffsklärung kann hier deshalb verzichtet werden.

Hypothese postuliert, daß sich die Individuen asymmetrisch verhalten. Ist das Anspruchsniveau geringer als der Ist-Zustand, so wird sich gemäß der Satisficing-Hypothese das Anspruchsniveau schnell an den Ist-Zustand anpassen. Im entgegengesetzten Fall erfolgt die Anpassung an den Ist-Zustand nur schleppend.

Die Verwendung der Satisficing-Hypothese wird in der Literatur gelegentlich anempfohlen, ohne bislang in der Profession allgemein anerkannt zu sein. Dies ist auch verständlich. Schon früh hat *Day* (1967) in einem schönen Beitrag gezeigt, daß satisfizierendes Verhalten gen nutzenmaximierendem Verhalten strebt. In *Day's* (1967) Argumentation ist entscheidend, daß die Umgebungsbedingungen stabil sind. Dies wird gewöhnlich in der Neoklassik angenommen. Warum also sollte auf die Nutzenmaximierung zu Gunsten eines komplizierter anmutenden Konzepts verzichtet werden?

Von Fürsprechern einer Ökonomie, die auf verhaltenswissenschaftlichen Grundlagen beruht, wird das Konzept der Nutzenmaximierung abgelehnt, weil die Umgebungsbedingungen nicht als konstant anzusehen sind (siehe z.B. *Witt* (1987)). Die Vorstellung einer „als-ob Maximierung" wird nicht per se abgelehnt. Gemäß *Winter* (1971, S. 239) besteht aber zwischen einer Theorie, in der Gewinnmaximierung ein Theorem ist, das von bestimmten Annahmen abgeleitet wurde, und einer Theorie, in der die Gewinnmaximierung ein unter allen möglichen Umständen anwendbares Axiom ist, ein erheblicher Unterschied.[3]

Winter (1971) entwickelt ein Modell, das auf verhaltenswissenschaftlichen Annahmen beruht. Langfristig stellt sich in diesem Modell ein Zustand ein „als-ob maximiert" worden wäre. In seinem Modell wird, ähnlich wie dies *Day* (1967) tut, ein stabiler Zusammenhang zwischen unternehmerischer Entscheidung und Rückmeldung der Umgebungsbedingungen unterstellt.[4] Wenn dieser stabile Feedbackmechanismus nicht existiert oder die Beteiligten nicht erwarten, daß es einen stabilen Feedbackmechanismus gibt, so kann die Satisficing-Hypothese nicht einfach durch die Maximierungshypothese ersetzt werden. Dann

---

[3]Ähnlich äußert sich hierzu *Iwai* (1984, S. 322). Siehe auch die Ausführungen in *Witt* (1987, S. 83ff).

[4]Bei *Winter* (1971, s. bes. S. 258) wird dieser Feedbackmechanismus durch die Nachfrage-Preisfunktion und die Eigenschaft der offenbarten Präferenzen repräsentiert.

erhält die Satisficing-Hypothese ihre Berechtigung.

Aufbauend auf den Arbeiten von *Nelson* und *Winter* (1982), untersuchte jüngst *Anderson* (1989) den Einfluß der Satisficing- Hypothese auf den Marktprozeß. Er verwendet die Satisficing-Hypothese innerhalb einer Simulationsstudie. Er zeigt, unter welchen Bedingungen Innovationskonkurrenz zwischen einer unterentwickelten Region und einer hochentwickelten Region zu einer Angleichung der Arbeitsproduktivität und Outputentwicklung führt und wann dies nicht der Fall ist. Diese Studie ist deshalb interessant, weil das Zusammenspiel zwischen individuellen Entscheidungen und der Entwicklung makroskopischer Daten, die wiederum auf die individuellen Entscheidungen zurückwirken, untersucht wird.

Ein weiteres Ziel seiner Arbeit ist die Vorstellung einer Methode, die es erlaubt, die strengen neoklassischen Verhaltensannahmen aufzugeben und gleichzeitig die Analysekraft der neoklassischen Modelle weitgehend zu bewahren. Das gleiche Ziel wird durch die Verwendung der Synergetik verfolgt. Angesichts der Kompliziertheit der Modelle sind auch bei Anwendung der Synergetik zuweilen nur Simulationen möglich. Häufig können jedoch die Stabilitätseigenschaften eines Systems untersucht werden. Hierin liegt ein Vorteil der Synergetik im Vergleich zu reinen Simulationsstudien. Andererseits fordert auch die Synergetik ihren Tribut. Um die Stabilitätseigenschaften eines Systems untersuchen zu können, sind — ähnlich wie in der Neoklassik — zuweilen restriktiv anmutende Annahmen nötig.

Dieses Kapitel ist analog zu den vorangegangenen Kapiteln aufgebaut. Der nächste Abschnitt besteht aus zwei Teilen. Im ersten Teil wird das Modell in seinen Grundzügen vorgestellt. Im zweiten Teil werden die Eigenschaften des Modells diskutiert. Die wichtigsten Ergebnisse werden im letzten Abschnitt zusammengefaßt.

7.2   Das Modell

7.2.1   Modellannahmen und Modellspezifikation

Zuerst werden die in Betracht gezogenen Handlungsmöglichkeiten für die Anbieter und die Nachfrager spezifiziert. Die Anbieter können sich entscheiden, ein Produkt aus Kategorie A anzubieten oder nicht. Die Nachfrager fragen ein Gut aus Produktkategorie A nach oder nicht. Will man einen Marktprozeß beschreiben, der die Nachfragestruktur berücksichtigt, so ist eine Bewegungsgleichung $\frac{dn_A}{dt}$ zur Abbildung der Veränderung der gesamten Nachfrage n_A der Produktkategorie A und Bewegungsgleichungen $\frac{dn_j}{dt}$ zur Abbildung der Nachfragestruktur n_j,

$$j \epsilon \{1, 2, 3, ..., m\}$$

nötig. n_j bezeichnet hierbei die Anzahl der Nachfrager nach Gut A bei Unternehmen j.

Zunächst wird das Verhalten der Anbieter betrachtet. Die Anbieter müssen Entscheidungen über ihre Kapazitäten treffen und sollen ansonsten nur Preisvariationen vornehmen können. Preisänderungen seien schneller durchführbar als Kapazitätsänderungen. Es handele sich ausschließlich um Einproduktunternehmen. Das Entscheidungsverhalten der Anbieter wird durch die Satisficing-Hypothese abgebildet. Die Anbieter, so wird angenommen, richten sich an ihrem zufriedenstellenden Gewinnn $\tilde{g}_j$ aus. Wenn durch Preis- oder Kapazitätsänderungen keine Veränderung des Gewinns g_j erzielt werden kann, die dem Betrage nach größer als $\epsilon > 0$ ist, so wird ein zufriedenstellender Gewinn erzielt.

Jetzt wird die Bewegungsgleichung zur Beschreibung der Veränderung der gesamten Nachfrage n_A begründet. Es wird davon ausgegangen, daß ein potentieller Nachfrager pro Zeiteinheit ein Gut aus Produktkategorie A kauft oder nicht. Ob ein Nachfrager überhaupt nachfragt hänge von „dem" Preis ab. Bieten mehrere Unternehmen ein Gut aus Produktkategorie A an, so wird es für einen Beobachter schwierig anzugeben, was unter „dem" Preis zu verstehen ist. Ein jeder potentielle Nachfrager nimmt vermutlich unterschiedliche Preisauszeichnungen wahr. Der Durchschnittspreis $\bar{p}_A$ soll als Hilfsvariable für „den" Preis dienen.

Je geringer der Durchschnittspreis $\bar{p}_A$ ist, desto größer sei die Neigung, ein Gut aus Produktkategorie A nachzufragen. Zur Abbildung des Nachfrageverhaltens wird auf das Konzept der individuellen Übergangswahrscheinlichkeit zurückgegriffen. Je geringer der Durchschnittspreis $\bar{p}_A$ ist, desto größer ist die Wahrscheinlichkeit $\pi_A(1, \bar{p}_A)$, daß sich ein Nachfrager zu Produktkategorie A hin wendet und desto geringer ist dann die Wahrscheinlichkeit $\pi_A(-1, \bar{p}_A)$ von Produktkategorie A wieder abzuwandern. Zusätzlich sind Bandwagon-Effekte, wie sie in den Kapiteln 4 und 5 betrachtet wurden, denkbar. Die approximative Bewegungsgleichung besitzt die allgemeine Struktur:[5]

$$\frac{dn_A}{dt} = \pi_A(1,.)(n - n_A) - \pi_A(-1,.)n_A. \tag{7.1}$$

Es wird nun zur Begründung der Bewegungsgleichung übergegangen, die die Veränderung der Nachfragestruktur innerhalb der Produktkategorie A bei gegebener Gesamtnachfrage n_A wiederspiegeln soll. Eine Bewegungsgleichung unter Einbeziehung der Angebotsstruktur (d.h. der verschiedenen Angebotspreise einzelner Anbieter) begründen zu wollen, die zudem auch handhabbar ist, ist eine fundamentale Aufgabe.[6] Stattdessen wird ein beliebiger Anbieter j herausgegriffen und in Bezug zu dem verbleibenden Rest der Anbieter gesetzt. Der Index j bezeichnet irgendein Unternehmen, das ein Produkt aus Produktkategorie A anbietet. Durch den Index $\neg j$ werden alle Konkurrenten des Anbieters j etikettiert. Gefragt wird danach, wie sich die Konkurrenzsituation des Anbieters j im Verlauf des Marktprozesses ändert.

Es wird nun zu der Betrachtung des Verhaltens der Nachfrager übergegangen. Die Situation stellt sich für einen Nachfrager wie folgt dar. Hat sich ein potentieller Nachfrager entschieden, ein Gut aus Kategorie A nachzufragen, so hat er seine Wahl aus dem Angebot einer gegebenen Menge von Unternehmen $J = \{1, 2, 3, ..., j, ..., m\}$ zu treffen. Die jeweiligen Güter werden mit dem Index j des Unternehmens gekennzeichnet, das das betreffende Gut anbietet.

Kein Nachfrager besitzt vollkommene Marktübersicht. Bevor ein Kauf getätigt wird, ist die Suche nach geeigneten Anbietern uner-

---

[5]Das hier entwickelte Modell besitzt eine solche Struktur, daß die Ergebnisse des Anhangs A verwendet werden können. Wie in Kapitel 5 wird vorausgesetzt, daß die Nachfrager stochastisch unabhängig voneinander entscheiden. Deshalb ist die makroskopische Übergangswahrscheinlichkeit $w[v,.]$ binomialverteilt: $B(n - n_A, \pi(1,.))$. Die makroskopische Übergangswahrscheinlichkeit $w[-v,.]$ ist ebenfalls binomialverteilt: $B(n_A, \pi(-1,.))$. Werden diese beiden makroskopischen Übergangswahrscheinlichkeiten in Formel $A.7$ eingesetzt, so erhält man Gleichung 7.1.

[6]Versuche in dieser Richtung wurden von mir unternommen. Sie führen zu Termen mit Polynomialverteilungen, die recht unhandlich sind.

läßlich. Um diese Suchaktivitäten der Nachfrager zu berücksichtigen gibt es grundsätzlich zwei Möglichkeiten: Zum einen kann ein konkreter Entscheidungskalkül eines homo oeconomicus aufgestellt werden. Zum anderen kann man sich auf die Variablen konzentrieren, die den Entscheidungskalkül beeinflussen, ohne jedoch den Entscheidungskalkül konkret nachempfinden zu wollen. Der erste Weg wurde in der sogenannten Suchmarktliteratur eingeschlagen, die zweite Marschroute wird hier verfolgt.

Lernen wurde in Kapitel 2 definiert als eine Veränderung im Verhalten oder im Verhaltenspotential eines Menschen im Hinblick auf eine bestimmte Situation, die auf wiederholte Erfahrungen in dieser Situation zurückgeht. Im speziellen interessiert hier, wie Konsumenten lernen. Hat sich ein potentieller Nachfrager zum Kauf des Gutes A entschlossen, so soll der Preis als Kriterium dienen, bei welchem Unternehmen j nachgefragt wird.

Änderungen im Verhaltenspotential der Nachfrager werden durch Änderungen der individuellen Übergangswahrscheinlichkeiten $\pi(\pm 1, .)$ abgebildet. Die Größe $\pi(1, .)$ gibt an, mit welcher Wahrscheinlichkeit ein Nachfrager von Gut $\neg j$ zu Gut j wechselt. Ganz analog gibt $\pi(-1, .)$ die Wahrscheinlichkeit an, mit der ein Nachfrager von Anbieter j zu Anbieter $\neg j$ wechselt. Durch die individuellen Übergangswahrscheinlichkeiten wird zum einen das Phänomen der Suche berücksichtigt und zum anderen spiegeln die individuellen Übergangswahrscheinlichkeiten die Neigung wieder, Gut j oder Gut $\neg j$ nachzufragen.

Sinkt der Preis für Gut j, so entsteht ein Anreiz zu einer Änderung des Suchverhaltens der Nachfrager, die Gut j wahrnehmen. Die Such- und Experimentieraktivitäten sinken. Durch die Preissenkung des Gutes j wird der Kauf von Gut j im Vergleich zu Konkurrenzprodukten c.p. gleichzeitig vorteilhafter. Ein Nachfrager erhält die gleiche Qualität des Gutes j zu einem geringeren Preis. Die Steigerung der Vorteilhaftigkeit des Gutes j drückt sich in einer Verringerung der individuellen Übergangswahrscheinlichkeit $\pi(-1, p_j)$ aus, die angibt, mit welcher Wahrscheinlichkeit ein Nachfrager von Gut j zu Gut $\neg j$ wechselt.

Steigt der Preis für Gut j in t, so wird Gut j c.p. unvorteilhafter. Gleichzeitig kommt es zu einem verstärkten Such- und Experimentierverhalten der Nachfrager, die Gut j wahrnehmen. Deshalb steigt die individuelle Übergangswahrscheinlichkeit $\pi(-1, p_j)$. Ob ein Individuum tatsächlich von Gut j zu einem anderen Gut $\neg j$ wechselt, hängt von den Alternativen ab. Zur Abbildung dieses Sachverhaltes wird der Durchschnittspreis $\bar{p}_A$ als Hilfsvariable herangezogen. Je größer die positive Differenz zwischen Preis p_j und dem Durchschnittspreis $\bar{p}_A$ ist, desto eher wird ein Nachfrager zu $\neg j$ wechseln.

Wenn die Entwicklung der Nachfragestruktur durch das Konzept der individuellen Übergangswahrscheinlichkeit skizziert werden soll, so sind zwei Aspekte zu berücksichtigen: Zum einen stellt sich das Problem der Wahl einer geeigneten Funktion für $\pi(-1, .)$. Zum anderen ist zu berücksichtigen, ob ein Nachfrager überhaupt auf ein Konkurreznunternehmen aufmerksam wird. Ein Nachfrager wird bei Unternehmen $\neg j$ nur dann nachfragen können, wenn er ein Unternehmen $\neg j$ wahrgenommen hat. Das Problem kann demgemäß in zwei Aufgaben zerlegt werden:

1. Die Spezifizierung der Wahrscheinlicheit $\breve{\pi}(-1, .)$ mit der ein Nachfrager von einem Unternehmen j zu Unternehmen $\neg j$ unter der Bedingung wechselt, daß er ein Unternehmen $\neg j$ wahrgenommen hat und

2. die Wahrscheinlichkeit, mit der ein Nachfrager Unternehmen $\neg j$ wahrnimmt.

Die Multiplikation beider Wahrscheinlichkeiten ergibt dann die gesuchte Wahrscheinlichkeit $\pi(-1, .)$, mit der ein Nachfrager von einem Anbieter j zu Anbieter $\neg j$ wechselt.

Ohne weitere Informationen ist eine Spezifizierung der Wahrscheinlichkeit $\breve{\pi}(-1, .)$ kaum möglich. Eine jede Funktion, die hinreichend oft in der Umgebung von $\bar{p}_A$ differenzierbar ist, kann jedoch durch eine Taylorentwicklung (bis auf ein Restglied) approximiert werden. Diese Möglichkeit wird ausgenutzt. Eine Entwicklung nach Taylor bis zum Grade Eins ergibt:

$$\breve{\pi}(-1, p_j, \bar{p}_A, a, b) = \frac{a + b(p_j - \bar{p}_A)}{Z}, \, Z \geq a + b(p_j - \bar{p}_A) > 0. \quad (7.2)$$

Z ist ein Parameter und dient zu Normierungszwecken. $a > 0$ und $b > 0$ sind Verhaltensparameter.

Zur Vereinfachung wird angenommen, daß jeder Anbieter mit der gleichen Wahrscheinlichkeit wahrgenommen wird. Damit errechnet sich die Wahrscheinlichkeit, mit der ein Konkurrenzunternehmen des Anbieters j wahrgenommen wird zu $\frac{m-1}{m}$. Als individuelle Übergangswahrscheinlichkeit $\pi(-1, .)$ ergibt sich dann:

$$\pi(-1, p_j, \bar{p}_A, a, b, m) = \frac{(m-1)[a + b(p_j - \bar{p}_A)]}{Zm}, Z \geq a + b(p_j - \bar{p}_A) > 0.$$

$$(7.3)$$

m bezeichnet die Anzahl an Unternehmen.

Als nächstes ist zu untersuchen, von welchen Größen die individuelle Übergangswahrscheinlichkeit $\pi(1, .)$ abhängt, mit der ein Nachfrager von den Konkurrenzunternehmen $\neg j$ zu Anbieter j wechselt. Je geringer der Preis p_j im Vergleich zu dem Durchschnittspreis $\bar{p}$ ist, umso größer ist die Wahrscheinlichkeit, daß ein Nachfrager zu Anbieter j wechselt.

Da keine weiteren Informationen verfügbar sind, wird $\check{\pi}(1, .)$ durch eine Entwicklung nach Taylor bis zum Grade Eins approximiert. Dies ergibt[7]

$$\check{\pi}(1, p_j, \bar{p}_A, a) = \frac{a + b(\bar{p}_A - p_j)}{Z}, Z \geq a + b(\bar{p}_A - p_j) > 0.. \qquad (7.4)$$

Zwecks Vereinfachung wird angenommen, daß ein jedes Unternehmen mit der gleichen Wahrscheinlichkeit wahrgenommen wird. Damit ergibt sich

$$\pi(1, p_j, \bar{p}_A, m, a, b) = \frac{a + b(\bar{p}_A - p_j)}{Zm}, Z \geq a + b(\bar{p}_A - p_j) > 0. \qquad (7.5)$$

---

[7]Zur Vereinfachung wird angenommen, daß in den jeweiligen speziellen Funktionen für $\pi(1, .)$ und $\pi(-1, .)$, die Parameter einander gleich sind. Dies ist dann gerechtfertigt, wenn allein Preisunterschiede für die Kaufentscheidung relevant sind und von Qualitätsunterschieden abgesehen wird.

Das Modell[8] wird durch die approximative Bewegungsgleichung für den Erwartungswert des Marktanteils für Gut j

$$\frac{dE(n_j)}{dt} = b_1[(\frac{a+b(\bar{p}_A-p_j)}{Zm})(n_A - n_j) - (\frac{a+b(p_j-\bar{p}_A)}{Z})\frac{m-1}{m}n_j],$$

$$0 \leq b \leq \frac{a}{max|\bar{p}_A-p_j|}, \ max|\bar{p}_A - p_j| > 0 \ j\epsilon\{1,2,3,...,j,...,m\}, b_1 > 0$$

$$(7.6)$$

abgeschlossen.[9] b_1 ist ein Reaktionsparameter. Die Differentialgleichung 7.6 ergibt sich durch Einsetzen von 7.3 und 7.5 in $A.8$.

Das vorgestellte Modell unterliegt damit zusätzlich den Annahmen, die zur Herleitung der Formel $A.8$ gemacht wurden. Im besonderen ist dies die Markovannahme und die Voraussetzung, daß sich alle Nachfrager stochastisch unabhängig voneinander entscheiden. Die Nachfragedynamik wird durch das Differentialgleichungssystem 7.1 und 7.6 beschrieben.

7.2.2 Modellimplikate

Der Monopolfall

Es wird in der Folge angenommen, daß Produktkategorie A durch eine Produktinnovation geschaffen wurde. Der erfolgreiche Innovator ist in der glücklichen Position eines Monopolisten.

---

[8]Es sind durchaus Ähnlichkeiten zwischen der Spezifizierung der individuellen Übergangswahrscheinlichkeiten und der neoklassischen Suchmarkttheorie feststellbar. In der neoklassischen Suchmarkttheorie entscheidet sich ein Konsument dann zum Kauf, wenn ein Preis gefunden ist, der geringer als der Reservationspreis R ist. Der Reservationspreis ist gleich den Suchkosten c plus dem Durchschnittspreis $\bar{p}_A$. Angenommen, die Suchkosten c seien Null. Dann würde gemäß der sequentiellen Suchregel gekauft, wenn ein Preis gefunden ist, der geringer ist als der Durchschnittspreis $\bar{p}_A$.

Zur Herleitung der sequentiellen Suchmarktregel wird vorausgesetzt, daß die Preisverteilung bekannt ist. Diese Annahme ist unrealistisch. Was durch die Spezifizierung der individuellen Übergangswahrscheinlichkeiten zum Ausdruck gebracht werden soll, ist nicht die Abbildung des Entscheidungskülküls der Konsumenten, sondern Determinanten, die die individuellen Übergangswahrscheinlichkeiten systematisch beeinflussen.

[9]Der angegebene Definitionsbereich von b stellt sicher, daß die individuellen Übergangswahrscheinlichkeiten $\pi(1,.)$ und $\pi(-1,.)$ nicht negativ werden.

Wenn nur ein Unternehmen j ein Produkt der Produktkategorie A anbietet, so wird die Nachfrageseite einzig und allein durch die Differentialgleichung 7.1 beschrieben. Die Bewegungsgleichung zur Beschreibung der Veränderung der Nachfragestruktur ist gleich Null. Denn $n - n_j$ ist gleich Null und da $m = 1$ ist $m - 1 = 0$ und damit $\frac{dn_j}{dt}$ gleich Null. Der Durchschnittspreis $\bar{p}_A$ ist gleich dem Preis p_j. Die angegebenen Gleichungen sind mit diesem Grenzfall kompatibel.

Wenn der Lernmechanismus von *Day* (1967) unterstellt wird, so wird Unternehmen j langfristig bei gegebener Kostenfunktion und stabilem Feedbackmechanismus, repräsentiert durch Gleichung 7.1, die gewinnoptimale Kapazität und den gewinnoptimalen Preis eines myopischen Monopolisten setzen.[10]

Eine kurze, wenn auch nicht vollständige Charakterisierung des Lernmechanismus von *Day* (1967) erscheint angebracht. Ziel ist die Erreichung eines zufriedenstellenden Gewinns $\tilde{g}_j$. Ein Gewinn ist zufriedenstellend, wenn eine Änderung der Kapazität (bzw. des Preises) zu einer hinreichend kleinen Änderung ϵ des Gewinns führt. Heute ist über die Kapazität (oder Output) zu entscheiden, die morgen zur Verfügung stehen soll.[11] Einem Unternehmen sind nur die letzten beiden Outputs und die zu diesen Outputs erzielten Gewinne bekannt. Mit Hilfe dieser Daten wird die Änderung der Profitrate ρ errechnet. Wenn die Änderung der Profitrate ρ kleiner als ϵ ist, so werden weitere Outputänderungen als wenig erfolgversprechend angesehen, der erzielte Gewinn

---

[10]Für einen Überblick über monopolistische Preisbildung bei innovativen Gütern aus neoklassischer Perspektive siehe *Vogt* (1991, Kapitel 7). Bei dynamischer Betrachtung muß der optimale Preis nicht mit dem statischen Monopolpreis zusammenfallen.

[11]Bei *Day* (1967, S. 305) dient einzig und allein der Output der nächsten Periode als Entscheidungsvariable. Es wird — wie schon erwähnt — ein konstanter Feedbackmechanismus unterstellt. Dieser konstante Feedbackmechanismus wird durch eine Funktion f repräsentiert. Die Funktion f ist gleich der Gewinnfunktion in Abhängigkeit des Outputs.

Es wird vorausgesetzt, daß bei satisfizierendem Verhalten keine vollständige Information vorliegt, insbesondere auch keine Information über die Nachfragefunktion. Um jedoch tatsächlich sein Ergebnis, „Thus we may say that satisficing — in this model — converges to the monopoly profit soulution for the firm ..." *Day* (1967, S. 310), zu erzielen, sind neben Outputänderungen auch Preisänderungen nötig. Implizit wird von *Day* (1967) die Annahme getroffen, daß der Preis in der Höhe festgesetzt wird, daß auch der geplante Output abgesetzt werden kann.

ist zufriedenstellend und die Kapazität bleibt unverändert. Andernfalls wird die Kapazität geändert. War die Kapazitätsänderung (z.B. eine Senkung) der Vorperiode erfolgreich, so wird das gleiche Verhalten der Vorperiode wiederholt (z.B. eine erneute Senkung). War Outputänderung der Vorperiode nicht erfolgreich (z.B. eine Erhöhung), so wird das das Verhalten geändert (z.B. wird die Kapazität gesenkt). War eine Aktion nicht erfolgreich (z.B. eine Erhöhung des Outputs), so wird diese Aktion, wenn sie in Zukunft wieder gewählt werden sollte, vorsichtiger ausgeführt, d.h. die Kapazitätsänderung fällt geringer aus.

Die Situation des Innovators ist von Unsicherheit gekennzeichnet

Neben der Entscheidung des Monopolisten über die Ausdehnung der Kapazität, ist über die Preishöhe zu entscheiden. Seine Entscheidung über die Ausweitung von Kapazität und die Höhe des Preises ist von Unsicherheit gekennzeichnet.

Der Monopolist beeinflußt durch sein Verhalten (Bestimmung der Qualität, des Preises) das Ausmaß der „Kreierung von Nachfrage". Wird ein vergleichsweise hoher Preis gesetzt, so wird die Attrahierung von Nachfragern gedämpfter sein als bei einem niedrigeren Preis. Den genauen zeitlichen Verlauf der entstehenden Nachfrage kann der Monopolist beeinflussen, doch er kennt ihn nicht und muß doch Entscheidungen über die Ausweitung seiner Kapazität treffen. Diese Entscheidungen sind unter Unsicherheit zu fällen.

Die Marktstruktur verändert sich in einer für den Innovator nicht vorhersehbaren Weise. Der erwirtschaftete Gewinn des Innovators lockt Imitatoren an. Ob Imitatoren erfolgreich sind und wann Imitatoren in den Markt eintreten, hängt von bestimmten Bedingungen ab.

Der Erfolg von Imitatoren wird u.a. durch die gesetzlichen Regelungen beeinflußt. Besteht ein Patentrecht und der Innovator nimmt dieses Recht in Anspruch, so ist der (direkte) Weg der Imitation versperrt. Umwege sind jedoch möglich. Durch die Anmeldung des Patents werden Informationen über die Innovation publik, die ein Imitator dazu nutzen kann, ein Produkt der Produktklasse A zu entwickeln, ohne die Patentrechte des Innovators zu tangieren. Wegen dieser Möglichkeit wird der Innovator mitunter gar kein Interesse an einer Patentierung bekunden und statt dessen den Weg der Geheimhaltung präferieren. Angesichts lukrativer Gewinne besteht für Mitarbeiter des Innovators ein Anreiz, die unternehmensinternen Informationen selbst zu nutzen und ein eigenes Unternehmen zu gründen oder Dritte besitzen ein Interesse, diese lukrativen Informationen von Unternehmensangehörigen zu kaufen.

Die Marktstruktur ändert sich

Dieser Erwägungen wegen darf vermutet werden, daß ein Innovator seine Monopolstellung schwerlich dauerhaft verteidigen kann. Zudem wurde deutlich, daß eine bestimmte Gruppe potentieller Imitatoren kaum zu lokalisieren ist. Die Veränderung der Marktstruktur, gemessen an der Anzahl m an Unternehmen, die ein Gut aus Kategorie A anbieten, wird deshalb als ein Geburtsprozeß aufgefaßt. Der in Branche A durchschnittlich erzielte Gewinn $\bar{g}$ dient zur Erklärung des Markteintritts weiterer Unternehmen:

$$\frac{dm}{dt} = f\bar{g}. \qquad (7.7)$$

f ist ein Reaktionsparameter.

Angesichts der unsicheren Nachfrageentwicklung und der unsicheren Konkurrenzsituation des Innovators können schwerlich intertemporale Gewinnmaximierungsansätze zur Begründung einer Verhaltensgleichung des Monopolisten herangezogen werden. Je weiter der Planungshorizont des Monopolisten reicht, desto größer ist die Unsicherheit. Wenn aber die Situation des Innovators mit hoher Unsicherheit behaftet ist, so drückt sich dies bei einem risikoscheuen Unternehmer in einer hohen Zeitpräferenzrate aus. Durch einen Versuchs- und Irrtumsprozeß versucht der Innovator seine augenblickliche Lage zu verbessern. Er strebt nach einem zufriedenstellenden Gewinn.

In den Anfangsphasen eines Produktlebenszyklus sehen sich auch die Konkurrenten des Innovators mit Unsicherheit konfrontiert. Die Veränderung der Gesamtnachfrage n_A ist ebenso ungewiß wie die künftige Konkurrenzsituation. Deshalb ist zu vermuten, daß auch sie eine hohe Zeitpräferenzrate besitzen und nach einem zufriedenstellenden Gewinn streben.

Der Dyopolfall

Bietet nur ein Unternehmen Gut j aus Produktkategorie A an, so kann Unternehmen j durch Preisvariation die Gesamtnachfrage n_A beeinflussen. Von Lock'Ins wird hier der Einfachheit wegen abgesehen. Wenn der Innovator erfolgreich ist, d.h. einen Gewinn $g_j > 0$ erwirtschaftet, werden Imitatoren angelockt. Besonderes Interesse verdient der Übergang vom Monopol zum Dyopol. Wie verändert sich durch die entstehende Konkurrenz die Situation des Innovators?

Ist ein Unternehmen in den Markt eingetreten, so dienen Kapazität und Preis p_j als einzige unternehmerische Entscheidungsvariablen. Der Imitator $\neg j$ kann sich für einen Preis $p_{\neg j}$ entscheiden, der gleich, höher oder geringer als der Preis des Innovators p_j ist. Unter Berücksichtigung der erwarteten Reaktion des bisherigen Monopolisten auf den Markteintritt, wird Unternehmen $\neg j$ seine Kapazität planen.

Wie verändert sich durch den Markteintritt eines Imitators die Nachfragestruktur bei gegebener Gesamtnachfrage n_A? Durch Gleichung 7.6 wird die Veränderung der Nachfragestruktur beschrieben. Die Nachfragefunktion des Unternehmens j erhält man, wenn Gleichung 7.6 gleich Null gesetzt wird und die so erhaltene Gleichung nach n_j aufgelöst wird. Dies ergibt:

$$n_j = \frac{[a + b(\bar{p}_A - p_j)]n_A}{2b(\bar{p}_A - p_j) + m(a + b(p_j - \bar{p}_A))}. \tag{7.8}$$

Die Nachfragefunktion hat für $m > 1$ negative Steigung. Denn die Ableitung der Nachfragefunktion ergibt:

$$\frac{\partial n_j}{\partial p_j} = \frac{2an_Ab(1 - m)}{[2b(\bar{p}_A - p_j) + m(a + b(p_j - \bar{p}_A))]^2} < 0. \tag{7.9}$$

Für bestimmte Parameterbereiche ist die Nachfragefunktion konvex, für andere konkav. Als zweite Ableitung der Nachfragefunktion ergibt sich:

$$\frac{\partial^2 n_j}{\partial p_j^2} = \frac{-4an_Ab(1 - m)(b(2 - m)(\bar{p} - p_j) + ma)b(2 - m)}{[2b(\bar{p}_A - p_j) + m(a + b(p_j - \bar{p}_A))]^4}. \tag{7.10}$$

Für $m > 2$ und

$$p_j > \bar{p}_A + \frac{ma}{b(2 - m)}$$

ist die zweite Ableitung negativ. Die Nachfragefunktion verläuft dann konkav.

Wenn der Preisvektor $\mathbf{p}_A = (p_1, p_2, p_3, ..., p_j, ..., p_m)'$ gegeben ist und die Anzahl der Anbieter m und die Gesamtnachfrage n_A konstant sind, dann verläuft die zu 7.6 gehörige Potentialfunktion u-förmig. Es gibt einen stabilen singulären Punkt. Änderungen des Preisvektors, der Gesamtnachfrage n_A oder Änderungen der Anzahl an Unternehmen m verschieben lediglich die Potentialfunktion, ohne sie in ihrer Gestalt zu ändern. Es wird angenommen, daß sich die Nachfragestruktur, ausgedrückt durch 7.6, sehr viel schneller ändert als daß neue Anbieter in den Markt eintreten oder sich n_A verändert. Deshalb genügt die Betrachtung der Nachfragefunktion 7.8.

Durch den Markteintritt eines Imitators muß der Innovator c.p. auf Nachfrage verzichten. Folgt der Imitator dem Innovator und setzt den gleichen Preis, so entfällt nach einer hinreichend langen Anpassungszeit c.p. die Hälfte der Gesamtnachfrage auf den Innovator. Setzt der Imitator einen höheren Preis als der Innovator, so ist c.p. der auf ihn entfallende Anteil der Nachfrage n_A geringer. Er errechnet sich gemäß Gleichung 7.8.

In welcher Art und Weise wird das Preissetzungsverhalten des Innovators durch den Markteintritt des Imitators tangiert und wie wirkt dies auf das Preissetzungsverhalten des Imitators zurück? Zur Überprüfung dieser Frage ist die Betrachtung des Grenzumsatzes $\frac{\partial U}{\partial p_j}$ und die Untersuchung des Einflußes einer Veränderung des Durchschnittspreises $\bar{p}_A$ auf die Grenzumsatzkurve eines Unternehmens nützlich. Um unnötige Schreibarbeit zu vermeiden, wird die Grenzumsatzkurve und ihr Verlauf für den allgemeinen Fall von $m > 1$ Anbietern hergeleitet.

Bei gegebenem Preisvektor $\mathbf{p}$, gegebener Gesamtnachfrage n_A, gegebener Anzahl von Unternehmen m und hinreichend langer Anpassungszeit kann der Umsatz des Unternehmens j mit Hilfe von Gleichung 7.8 errechnet werden:

$$U = n_j p_j = \frac{[a + b(\bar{p}_A - p_j)]n_A}{2b(\bar{p}_A - p_j) + m(a + b(p_j - \bar{p}_A))} p_j. \qquad (7.11)$$

Die zugehörige Grenzumsatzkurve

$$\frac{\partial U}{\partial p_j} = \frac{2an_A b(1-m)p_j}{[2b(\bar{p}_A - p_j) + m(a + b(p_j - \bar{p}_A))]^2}$$
$$+ \frac{n_A(a + b(\bar{p}_A - p_j))}{[2b(\bar{p}_A - p_j) + m(a + b(p_j - \bar{p}_A))]} \tag{7.12}$$

weist für $m > 1$ eine negative Steigung auf.[12] Denn die Ableitung des Grenzumsatzes nach p_j ergibt:

$$\frac{\partial^2 U}{\partial p_j^2} = \frac{n_A b}{[2b(\bar{p}_A - p_j) + m(a + b(p_j - \bar{p}_A))]^3}$$

$$\{2a(1 - m)[2b(\bar{p}_A - p_j) + m(a + b(p_j - \bar{p}_A))]$$

$$+ 4ab(1 - m)p_j(2 - m) - [2b(\bar{p}_A - p_j)$$

$$+ m(a + b(p_j - \bar{p}_A))]^2 - (m - 2)(a + b(\bar{p}_A - p_j))$$

$$[2b(\bar{p}_A - p_j) + m(a + b(p_j - \bar{p}_A))]\}$$

$$= \frac{n_A b}{[2b(\bar{p}_A - p_j) + m(a + b(p_j - \bar{p}_A))]^3}$$

$$\{\bar{p}_A(-12abm + 4abm^2 + 8ab) + 4a^2 m(1 - m)\}.$$

Dieser Term ist negativ, wenn

$$\frac{4a^2 m - 4a^2 m^2}{ab(-12m + 4m^2 + 8)} \le \bar{p}_A.$$

Der Zähler ist für $m \ge 2$ negativ und der Nenner ist für $m > 2$ positiv. Für positive Durchschnittspreise $\bar{p}_A$ besitzt die Grenzumsatzkurve somit für $m > 2$ negative Steigung. Insbesondere gilt im Falle $m = 2$

$$\frac{\partial^2 U}{\partial p_j^2} = -\frac{bn_A}{a} < 0. \tag{7.14}$$

---

[12]Der Nenner in 7.12 ist äquivalent mit folgendem Ausdruck:

$$[b(2 - m)(\bar{p}_A - p_j) + ma]. \tag{7.13}$$

Dieser Term wird in den folgenden Umformungen gelegentlich benutzt.

Zwecks Vereinfachung der Diskussion wird angenommen, daß für alle Unternehmen die Grenzkosten gleich Null sind. Die Fixkosten mögen von Unternehmen zu Unternehmen variieren. Der zufriedenstellende Gewinn wird (streng genommen für $\epsilon = 0$) dann erreicht, wenn der Grenzumsatz gleich Null ist. Angenommen, der Imitator folgt dem Innovator und setzt den gleichen Preis. In diesem Fall ändert sich der Durchschnittspreis nicht. Beide Unternehmen besitzen die gleiche Grenzumsatzkurve.

Ist diese Situation jedoch stabil, d.h. führt eine kleine Änderung des Durchschnittspreises bei gegebenem m wieder zum Ausgangswert zurück? Anders gewendet lautet die Frage: wie verändert sich die Grenzumsatzkurve $\frac{\partial U}{\partial p_j}$, wenn sich der Durchschnittspreis $\bar{p}_A$ ändert? Im speziellen Fall $m = 2$ ist

$$\frac{\partial \frac{\partial U}{\partial p_j}}{\partial \bar{p}_a} \;\; = \;\; \frac{n_A b}{2a} > 0. \tag{7.15}$$

Erhöht der Innovator als Reaktion auf den Markteintritt des Imitators seinen Preis, so steigt der Durchschnittspreis $\bar{p}_A$ und die Grenzumsatzkurve $\frac{\partial U}{\partial p_j}$ verschiebt sich für den Imitator wie Innovator nach rechts. Ceteribus paribus erhalten beide einen Anreiz ihren Preis zu erhöhen, wodurch der Durchschnittspreis wiederum steigt usw. usf.. So gesehen ist die Situation instabil: eine Erhöhung des Durchschnittspreises führt zu einem kumulativen Preisanstieg und eine Senkung des Durchschnittspreises führt zu einer sich selbst verstärkenden Preissenkung.

Um die einzelnen Argumente präzise herauszuarbeiten, wurde bislang ein wesentlicher Aspekt vernachlässigt: eine Änderung des Durchschnittspreises wirkt auch auf die Gesamtnachfrage n_A. Sinkt (steigt) der Durchschnittspreis $\bar{p}_A$, so steigt (sinkt) die Gesamtnachfrage n_A. Denn die Differentialgleichung 7.1 hängt von dem Durchschnittspreis $\bar{p}_A$ und (gegebenenfalls) von n_A ab. Bei gegebenem Preisvektor $\mathbf{p}_A$ ist der Durchschnittspreis $\bar{p}_A$ gegeben. Die Differentialgleichung 7.1 ist unabhängig von der Aufteilung der Nachfrager auf die Anbieter J und unabhängig von der Anzahl der Anbieter m. Die Gesamtnachfrage strebt einem stabilen singluären Punkt irreversibel zu, sofern ein stabiler Punkt existiert (was hier unterstellt wird).[13]

---

[13]Auf eine spezielle Funktion für die Differentialgleichung 7.1 wird hier verzichtet. Ein Verweis auf Kapitel 4 sollte hier genügen.

Waren in der monopolistischen Ausgangssituation die Kapazitäten des Innovators ausgelastet, so entsteht c.p. durch den Markteintritt des Imitators die Gefahr einer Unterauslastung bestehender Kapazitäten. Da vorausgesetzt wurde, daß alle Unternehmen (also auch der Innovator) grenzkostenlos mehr produzieren können und Preisänderungen schneller durchführbar sind als Kapazitätsänderungen, lohnt sich für den Innovator eine Preissenkung mit dem Ziel, durch die Preissenkung eine bessere Auslastung (oder gar Ausweitung?) seiner Kapazitäten zu erreichen. Zudem weiß der Innovator durch Erfahrung, daß er durch sein Preissetzungsverhalten die Gesamtnachfrage beeinflussen kann. Dieser Einfluß ist zwar durch den Markteintritt des Imitators schwächer geworden, doch immer noch wirksam. Deshalb besteht im Dyopolfall eine Tendenz zu Preissenkungen.

Der Fall von mehr als zwei Anbietern

Oben wurde die vereinfachende Annahme getroffen, daß alle Unternehmen grenzkostenlos mehr produzieren können. Der Grenzumsatz

$$\frac{\partial U}{\partial p_j} \tag{7.16}$$

ist gleich Null, wenn

$$
\begin{aligned}
p_j &= -\tfrac{\gamma_1}{2} + \left(\left(\tfrac{\gamma_1}{2}\right)^2 - \gamma_2\right)^{\frac{1}{2}}, mit \\[1ex]
\gamma_1 &= -2\bar{p}_A + \tfrac{2a}{b} - \tfrac{4a}{b(2-m)}, \\[1ex]
\gamma_2 &= \bar{p}_A^2 - \tfrac{a^2}{b^2} + \tfrac{2a^2+\bar{p}_A 2ab}{b^2(2-m)}.
\end{aligned}
\tag{7.17}
$$

Mit steigender Anzahl an Unternehmen m verschiebt sich c.p. der Schnittpunkt der Grenzumsatzkurve $\frac{\partial U}{\partial p_j}$ mit der Abzisse nach links. Denn

$$
\left.\frac{\partial p_j}{\partial m}\right|_{\frac{\partial U}{\partial p_j}=0} = \frac{-4ab}{(2b-bm)^2}\left[-\tfrac{1}{2} + \tfrac{1}{2}\frac{\frac{\gamma_1}{2}}{\left(\left(\frac{\gamma_1}{2}\right)^2-\gamma_2\right)^{\frac{1}{2}}}\right]
$$

$$
-\tfrac{1}{2}\frac{(2a^2+2ab\bar{p}_A)}{\left(\left(\frac{\gamma_1}{2}\right)^2-\gamma_2\right)^{\frac{1}{2}}} < 0.
\tag{7.18}
$$

Dies gilt[14] für jedes Unternehmen, das Gut A feil bietet. Angenommen, ein neues Unternehmen tritt in den Markt für Gut A ein, und setzt seinen Preis in Höhe des Durchschnittspreises $\bar{p}_A$, so verschiebt sich die Grenzumsatzkurve der Konkurrenten nach links. Für jedes Konkurrenzunternehmen lohnen sich Preissenkungen. Die Preissenkungen führen zu einem Sinken des Durchschnittspreises $\bar{p}_A$. Deshalb interessiert nun die Frage, wie c.p. die Grenzumsatzkurven $\frac{\partial U}{\partial p_j}$ der einzelnen Unternehmen hierdurch betroffen werden. Eine Antwort auf diese Frage gibt die Ableitung des Grenzumsatzes $\frac{\partial U}{p_j}$ nach dem Durchschnittspreis $\bar{p}_A$:

$$\frac{\partial \frac{\partial U}{\partial p_j}}{\partial \bar{p}_a} = \frac{nb}{[2b(\bar{p}_A - p_j) + m(a + b(p_j - \bar{p}_A))]^3}$$

$$\{-4ab(1-m)p_j(2-m) + [2b(\bar{p}_A - p_j) + m(a + b(p_j - \bar{p}_A))]^2$$

$$-(a + b(\bar{p}_A - p_j)) * (2-m)[2b(\bar{p}_A - p_j) + m(a + b(p_j - \bar{p}_A))]\}$$

$$= \frac{nb}{[2b(\bar{p}_A - p_j) + m(a + b(p_j - \bar{p}_A))]^3}$$

$$\{-2ab[\bar{p}_A + p_j][m^2 - 3m + 2] + 2a^2 m(m-1)\}.$$

$$(7.19)$$

Sofern die Bedingung

$$\frac{2a^2 m(m-1)}{2ab(m^2 - 3m + 2)} = \frac{a}{b} + \frac{2am - 2a}{bm^2 - 3bm + 2b} > (\bar{p}_A + p_j), m > 2 \quad (7.20)$$

gilt, ist die Ableitung des Grenzumsatzes nach dem Durchschnittspreis

$$\frac{\partial \frac{\partial U}{\partial p_j}}{\partial \bar{p}_A}$$

---

[14]Man beachte, daß $\gamma_2 < 0$. Dies ergibt sich, weil

$$1 \leq b \leq \frac{a}{max|\bar{p}_A - p_j|}$$

(siehe S. 139) gefordert wurde.

größer als Null. Je geringer m ist, desto eher ist c.p. Bedingung 7.20 erfüllt.

Angenommen, Bedingung 7.20 sei erfüllt. In diesem Fall führt der Markteintritt eines Unternehmens zu einem verstärkten Anreiz zu Preissenkungen im Vergleich zu dem Fall ohne Markteintritt dieses Unternehmens. Denn hatte vor dem Markteintritt jeder Anbiter des Gutes A einen zufriedenstellenden Gewinn erwirtschaftet, so war dieser Zustand, wegen der Annahme der Geltung von Bedingung 7.20, instabil. Es kann ganz analog zu dem Dyopolfall argumentiert werden. Kleine Änderungen des Durchschnittspreises nach unten sind selbstverstärkend (und umgekehrt). Wegen der Annahme, daß alle Unternehmen grenzkostenlos mehr produzieren können und Preisänderungen schneller durchfürbar sind als Kapazitätsänderungen, lohnen sich insbesondere Preissenkungen. Denn durch Preissenkungen kann eine Erhöhung der Gesamtnachfrage erzielt werden und da annahmegemäß nur wenige Anbieter im Markt sind, ist dieser Einfluß für die einzelnen Unternehmen spürbar.

Je größer die Anzahl der Anbieter von Gut A ist, umso geringer ist die Wahrscheinlichkeit strategischen Verhaltens der Anbieter und desto eher wird Bedingung 7.20 verletzt. Angenommen, letzteres sei der Fall. Eine Verringerung (Erhöhung) des Durchschnittspreises $\bar{p}_A$ führt dann zu einer Rechtsverschiebung (Linksverschiebung) der Grenzumsatzkurve $\frac{\partial U}{\partial p_j}$. Mit anderen Worten lohnen dann Preiserhöhungen (bzw. im umgekehrten Fall Preissenkungen). Haben alle Anbieter des Gutes A einen zufriedenstellenden Gewinn erreicht, so ist dieser Zustand stabil.[15] Dies gilt auch unter Berücksichtigung der Wirkung der Gesamtnachfrage n_A. Denn je größer die Anzahl der Unternehmen m ist, umso geringer wird der Einfluß des einzelnen Unternehmens, durch Preissenkungen neue Kunden zu attrahieren (d.h. die Gesamtnachfrage n_A spürbar zu erhöhen). Tritt ein neues Unternehmen in den Markt und setzt seinen Preis in Höhe des Durchschnittspreises $\bar{p}_A$, so verschiebt sich c.p. die jeweiligen Grenzumsatzkurve der einzelnen etablierten Anbieter von Gut A nach links. Für die etablierten Anbieter von Gut A lohnen sich Preissenkungen. Der Durchschnittspreis sinkt,

---

[15]Es ist jedoch aufgrund von Zufallsfluktuationen auf der Nachfrageseite nicht ausgeschlossen, daß sich die Preisstruktur ändert.

führt aber im Gegensatz zu dem im vorigen Absatz behandelten Fall nicht zu einem sich selbstverstärkenden Prozeß.

Es entsteht ein Anreiz zu Prozeß- und Produktinnovationen

So lange ein positiver Gewinn erwirtschaftet wird, treten neue Unternehmen in den Markt. Der hierdurch bewirkte Verlust von Marktanteilen wird im Verlauf des Marktprozesses immer weniger durch die Attrahierung von Erstkäufern ausgleichbar. Irgendwann wird für jedes etablierte Unternehmen der Punkt erreicht, an dem der Marktanteil und das absolute Marktvolumen unweigerlich schrumpft. Bestehende Kapazitäten können nicht mehr ausgelastet werden und Preisänderungen lohnen mit steigender Anzahl von Unternehmen m immer weniger. Denn der Grenzumsatz $\frac{\partial U}{\partial p_j}$ strebt für m gegen Unendlich gegen Null. Das bisher betrachtete unternehmerische Instrumentarium von Preis- und Kapazitätsvariation wird stumpf.

Etablierte Anbieter des Gutes A sehen sich einer anhaltenden positiven Diskrepanz zwischen Anspruchsniveau und Ist-Zustand gegenüber. Durch den Markteintritt neuer Unternehmen sinkt der Ist-Zustand, das Anspruchsniveau (das darin besteht, einen zufriedenstellenden Gewinn zu erwirtschaften) wird verletzt. Die Satisficing- Hypothese postuliert ein asymmetrisches Verhalten. Im Gegensatz zu einer negativen Anspruchsdiskrepanz erfolgt bei einer positiven Anspruchsdiskrepanz die Anpassung des Anspruchsniveaus an den Ist-Zustand nur zögernd. In Kapitel 2 wurde argumentiert, daß in Abhängigkeit von der Höhe der positiven Anspruchsdiskrepanz nach neuen Handlungsmöglichkeiten gesucht wird. Es entsteht ein Anreiz zu Prozeß- und Produktinnovationen.

Der durch die Erfahrungskurve postulierte Zusammenhang gilt nur bedingt

Die Erfahrungskurve geht zurück auf Untersuchungen in der Flugzeugindustrie (*Bass* (1980, S. 52)). Nach Wissen des Autors wurde diese Hypothese bislang nicht mikroökonomisch fundiert. Durch die Erfahrungskurve wird ein bestimmter funktionaler Zusammenhang zwischen

Grenzkosten und kumuliertem Output hergestellt:

$$K'(X_t) = \zeta X_t^{-l} \tag{7.21}$$

Hierbei bedeuten:

K':   Kosten zur Produktion der letzten Einheit,

X_t: kumulierter Output zum Zeitpunkt t,

ζ: Parameter, er wird manchmal interpretiert als die
            Produktionskosten der ersten Einheit,

l: Lernrate; $l > 0$.

Die Funktion hat einen durchweg fallenden Verlauf und ist konvex.

Was wird durch die Kurve abgebildet? Sie bringt zum Ausdruck,
daß die Grenzkosten in t nicht nur von der Größenordnung des Outputs in t, sondern auch von den in der Vergangenheit in einem Unternehmen (oder Industrie) angesammelten Erfahrungen abhängt. Die
latente Variable Erfahrung wird hierbei durch die beobachtbare Größe
„kumulierter Output in t-1" gemessen (*Bass* (1980, S. 53)). Hierbei
ist noch die Frage offen, was unter Erfahrung zu verstehen ist. Erfahrung kann sich zum einen bei gegebener Produktionstechnik in dem
akkumulierten Wissen und den erworbenen Fertigkeiten der Mitarbeiter niederschlagen. Zum anderen kann sich Erfahrung bei gegebenem
Wissenstand und gegebenen Fertigkeiten der Mitarbeiter in einer Verbesserung der Produktionstechnik zeigen. Durch die Erfahrungskurve
wird jedoch der Motivationsaspekt menschlichen Handlens völlig aus-
geblendet.

Eine Steigerung der Gesamtnachfrage n_A oder ein Sinken der Anbieterzahl m (z.B. infolge von Konkursen) erhöht c.p. die Gewinnaussich-
ten eines jeden Unternehmens j, das im Markt verbleibt. Die Gefahr
positiver Anspruchsdiskrepanzen mindert sich, der Zwang zu Prozeß-
und Produktinnovationen wird geringer. Es ist vorstellbar, daß der
Zwang zu Prozeß- oder Produktinnovationen vorübergehend verschwindet. Dann steigt der kumulierte Output $X_t = \sum_{t=0}^{t} n_{At}$, doch der durch
die Erfahrungskurve postulierte Zusammenhang gilt nicht. Es sind also
Situationen vorstellbar, in denen der durch die Erfahrungskurve postulierte statistische Zusammenhang nicht gilt.[16]

---

[16]Die Erfahrungskurve ist auch in der Literatur nicht unumstritten. In speziellen
wird kritisiert, daß fast ausschließlich die in 7.21 dargestellte funktionale Form un-

7.3   Schlußbemerkungen

Auf der Grundlage der Satisficing-Hypothese wurde ein Marktprozeß abgebildet und diskutiert. Die Entscheidungen eines jeden Unternehmens j ändert die Umgebungsbedingungen seiner Konkurrenten. In Marktprozessen entsteht unter bestimmten Bedingungen ein Anreiz zu Preissenkungen. Dies gilt für jedes Unternehmen. Deshalb sinkt unter bestimmten Bedingungen der Durchschnittspreis $\bar{p}_A$. Als Folge hiervon sinkt c.p. die Gewinnspanne der Unternehmen, ihre Überlebensfähigkeit sinkt, es kommt zu positiven Anspruchsdiskrepanzen.

Im Falle einer positiven Anspruchsdiskrepanz wird das Anspruchsniveau $\tilde{g}_j$ nur zögernd gesenkt. Mit Hilfe von Prozeß- oder Produktinnovationen kann ein zufriedenstellender Gewinn aufrechterhalten und die Überlebensfähigkeit der Unternehmen erhöht werden. Der Marktprozeß zwingt die Unternehmen zu Prozeß- und Produktinnovationen.

Das vorgestellte Modell fußt auf Ideen Schumpeters, sind jedoch nicht mit ihm identisch. *Schumpeter* (1912) zielte auf eine Konjunkturtheorie ab. Dagegen wird hier versucht, den Verlauf eines Produktlebenszyklus zu erklären. Grundlage des Modells bildet die von *Witt* (1987, S. 43) skizzierte „individualisierte Entwicklung". Eine erfolgreiche Innovation eines Unternehmens, die es gerechtfertigt erscheinen läßt, von einer neuen Produktkategorie zu sprechen, bildet den Ausgangspunkt. Erfolgreich ist hier gleichbedeutend mit Gewinnerzielung. Die Existenz von Gewinnen, lockt Imitatoren an. Im Verlauf des Marktprozesses sinken die Gewinne der etablierten Unternehmen. Es kommt zu anhaltenden positiven Anspruchsdiskrepanzen, die den Nährboden für weitere Innovationen bilden. Kommt es zu einer Produktinnovation, die es wiederum erlaubt, von einer neuen Produktkategorie zu sprechen, so beginnt der beschriebene Prozeß von vorne.[17]

---

terstellt wird und für alle Inputfaktoren wird die gleiche Lernrate unterstellt (*Dolan* und *Jeuland* (1981, S. 53)). Es erfolgt eine Einschränkung auf die Kostenseite. Zur empirischen Schätzung liegen statt der Daten über Kosten nur Preise vor (*Liebermann* (1984, S. 215)). Innovationskonkurrenz wird nicht betrachtet *Völker* (1990, S. 44)).

[17]Es braucht nur am Rande erwähnt zu werden, daß mehrere solcher Produktlebenszyklen nebeneinander existieren und sich gegenseitig beeinflussen können. Die Problemstellung hierauf auszudehnen wäre interessant, würde den vom Autor ge-

Ergebnisse der jüngsten experimentellen Wirtschaftsforschung unterstreichen die erzielten Ergebnisse.[18] So ergaben die Studien von *Isaac* und *Reynolds* (1992), daß „die" Schumpetersche Konkurrenz relevant ist. Die Hypothese, zusammengefaßt unter dem Begriff a) „Schumpetersche Konkurrenz", lautet: Unternehmen innovieren. Ist die Innovation erfolgreich, so fallen die Preise unter das Niveau, das sich in der Abwesenheit der Innovation ergeben hätte (*Isaac* und *Reynolds* (1992, S. 70)). Es werden mehrere konkurrierende Hypothesen aufgestellt, die nicht gestüzt werden. b) Schumpeterian collusion: Unternehmen innovieren, es kommt jedoch nicht zu Preissenkungen, c) Gemeinsame Gewinnmaximierung[19], d) static posted offer behavior (Unternehmen innovieren nicht. Es wird ein Marktergebnis erzielt, als ob keine Möglichkeit zu innovieren bestünde.).

Theoretische und experimentelle Wirtschaftsforschung stehen in einem komplementären Verhältnis zueinander. Im Gegensatz zu der experimentellen Wirtschaftsforschung, die Hypothesen testen kann, versucht die Theorie zu erklären. Angesichts der großen Datenprobleme, denen man sich im vorliegenden Zusammenhang gegenübersieht, erscheint die experimentelle Wirtschaftsforschung als hilfreiches Instrument zur Überprüfung und Entwicklung (Entdeckung) von Hypothesen.

---

steckten Rahmen jedoch sprengen.

[18]Ein wesentlicher Unterschied zu dem Experiment von *Isaac* und *Reynolds* (1992), bei denen die Anzahl der Anbieter konstant ist, wurde im hier vorgestellten Modell die Marktstruktur endogenisiert, die Zahl der Anbieter ist veränderlich und wird erklärt. Deshalb wurde auch die zurückhaltende Wendung „Unterstreichung der Ergebnisse" gewählt.

[19]Die gemeinsame Gewinnmaximierung wird hier unter dem Aspekt gegebener Anbieterzahl betrachtet. Der gewinnmaximale Preis wäre dann der Monopolpreis bei gegebenen Kostenbedingungen. Dies ist jedoch eine zu vereinfachende Sicht der Dinge. Wenn erwartet wird, daß neue Unternehmen in den Markt eintreten und deren Markteintrittsentscheidung von den erzielten Gewinnen der etablierten Unternehmen abhängen, so wird die Preispolitik hiervon nicht unberührt bleiben, außer die Unternehmen haben eine hohe Zeitpräferenzrate.

Kapitel 8

Abschließende Bemerkungen

Den Ausgangspunkt der Überlegungen bildete die Frage, wie die Ausbreitung von Neuerungen auf Märkten adäquat abgebildet werden kann. Hier konnte auf umfangreiche Vorarbeiten anderer zurückgegriffen werden (vor allem *Witt* (1987)). Mögliche Antworten auf diese Frage können in zwei Gruppen eingeteilt werden: a) Ein Teil der Antworten besteht aus Hinweisen darauf, was tunlichst vermieden werden sollte und b) der verbleibende Rest von Antworten besteht vor allem aus dem Hinweis auf solche Hypothesen, die Verwendung finden könnten. Damit lag die eigene Strategie weitgehend fest: Achte vor allem darauf, unzulässige Informationsannahmen zu vermeiden.

Als nächstes stellte sich die Frage, mit welchem Instrumentarium die Ausbreitung von Neuerungen auf Märkten abgebildet werden könnte. Dies führte zunächst zu den sogenannten Suchmarktmodellen. Sie zeichnen sich dadurch aus, daß die sehr strengen Informationsannahmen der üblichen Lehrbuchökonomik gelockert wurden. Bei näherer Betrachtung zeigte sich jedoch, daß die den Suchmarktmodellen zu Grunde liegenden Informationsannahmen immer noch zu streng waren.

Auf der Suche nach einem adäquaten Instrumentarium kamen die psychologischen Lernmodelle in das Blickfeld. Es gibt eine große Literatur über stochastische Lernmodelle, doch meist ist der Gegenstand der Untersuchungen individuelles Verhalten, dagegen sollte der eigene Untersuchungsgegenstand Märkte betreffen. Durch Zufall wurde die Aufmerksamkeit auf *Haken* (1983) gelenkt. Hier wurde eine Möglichkeit dargeboten, um den Übergang von der individuellen Ebene zu der

„makroskopischen" Ebene zu schaffen.

Es konnte an dem Konzept der individuellen Übergangswahrscheinlichkeit angeknüpft werden. Mit Hilfe der Mastergleichung war der Übergang von der individuellen zur makroskopischen Ebene möglich. Um auf der Basis des Konzeptes der individuellen Übergangswahrscheinlichkeit eine gehaltvolle Theorie aufzubauen, müssen die Beziehungen zwischen empirisch feststellbaren Regelmäßigkeiten und individueller Übergangswahrscheinlichkeit aufgezeigt werden. Dies wurde in Kapitel 2 versucht.

Den vorgestellten Modellen unterliegt die Annahme, daß jeder Nachfrager in jeder Periode eine Einheit des einen oder anderen Gutes kauft. Das heißt, es wird Wiederkaufverhalten abgebildet.[1] Hierdurch wird die Mastergleichung etwas komplizierter. *Haken* (1983) und *Weidlich* und *Haag* (1983) folgend wird auf der Grundlage der Mastergleichung eine approximative Bewegungsgleichung für den Erwartungswert einer interessierenden Variable hergeleitet. Dies geschieht in den Kapiteln 3 und Anhang *A*.

In Kapitel 4 wird ein Dyopolmodell vorgestellt. Das Nachfrageverhalten wird mit Hilfe individueller Übergangswahrscheinlichkeiten zu fassen gesucht. Auf der Angebotsseite wird die Motivation der Anbieter zu Such- und Experimentierverhalen durch die Satisficing-Hypothese abgebildet. Die Satisficing-Hypothese macht keine Aussage darüber, ob durch Such- oder Experimentierverhalten eine Verbesserung der Situation erreicht werden kann. Deshalb wird sie durch folgende Hypothese ergänzt:[2] Eine positive Anspruchsdiskrepanz führe zu einer Verbesserung und eine negative Anspruchsdiskrepanz zu einer Verschlechterung des Angebots.

In Kapitel 4 stehen zwei Dinge im Mittelpunkt des Interesses: a) wie kann es zu Lock-Ins kommen? und b) besteht auf dem soeben skizzierten Dyopolmarkt eine anhaltende Tendenz zu einer Veränderung, d.h. zu zyklischem Verhalten? Frage b) konnte leider nur auf Grund von Simulationen verneint werden, wenn auch die lokalen Stabilitätseigenschaften der singulären Punkte überprüft werden konnte. Zu Lock-Ins

---

[1]In der umfangreichen Literatur zur Diffusion von Neuerungen, wurde dieses Problem besonders hervorgehoben (siehe z.B. *Mahajan* und *Wind* (1986a, S. 7)).

[2]Es wird ausdrücklich darauf hingewiesen, daß damit nicht etwa einem möglicherweise existierenden Fortschrittsglaube das Wort geredet werden soll.

kann es kommen, wenn die Wahrscheinlichkeit mit der Nachfrager autonom entscheiden „hinreichend"[3] gering ist.

In Kapitel 5 geht es um die Frage, wie ein Lock-In überwunden werden kann und schließt sich deshalb direkt an Kapitel 5 an. Lock-Ins können überwunden werden, wenn Meinungsführer oder Diffusionsagenten am Markt auftreten.

Die Nachfrage wurde in den Kapiteln 4 und 5 bei bestimmten Parameterwerten auch von dem sogenannten Bandwagon-Effekt beeinflußt. In Kapitel 6 ergibt sich, daß von der Art des Diffusionsverlauf eines Inputs A, der zur Produktion des Gutes B eingesetzt wird, nicht ohne weiteres auf die Existenz oder Nicht-Existenz eines Bandwagon- Effektes geschlossen werden kann. Die Geschwindigkeit, mit der Anspruchsniveaus verändert werden, hat auf den Diffusionsverlauf ebenso einen Einfluß wie die Bedingungen auf dem Absatzmarkt des Gutes B.

Bislang wurden entweder nur zwei Anbieter oder zwei Klassen von Anbietern betrachtet. In jedem Fall war die Anbieterzahl fest vorgegeben. Diese Annahme wird in Kapitel 7 aufgegeben. Es wird herauszuarbeiten versucht, wie sich die Konkurrenzsituation der Anbieter eines Gutes A im Verlauf eines Produktlebenszyklus verändert. Das Modell basiert zu einem guten Teil auf der Arbeit von *Day* (1967). Denn hierdurch wird es möglich, unter Voraussetzung der Satisficing-Hypothese für den Fall mehrer Anbieter wenigstens komparativ statisch zu argumentieren. Das Modell läßt tendenziell folgende Prognose zu: Es kommt zu einer Preissenkungstendenz, die Gewinne der Anbieter schrumpfen, es ergeben sich positive Anspruchsdiskrepanzen und damit ein Anreiz, nach Auswegen zu suchen, um den Ist-Zustand zu verbessern.

Die vorgestellten Modelle sind erweiterungsfähig. In den Modellen wurde vorausgesetzt, daß jeder Nachfrager i pro Periode eine Einheit eines von zweien Gütern (z.B. A und B) erwirbt. Dies hat zur Folge, daß sich die Ausgaben für das Gut, dessen Preis gesenkt wurde, c.p. verringern. Eine Preisverringerung, so wurde argumentiert, hat im allgemeinen Substitutionsprozesse zur Folge. Die relative Häufigkeit, mit der das billigere Gut nachgefragt wird, steigt. Folglich sinken auch die Gesamtausgaben für das Güterbündel, das gekauft wird. Wollte man

---

[3]In Kapitel 4 wurde diese Bedingung näher charakterisiert.

die vorgestellten Modelle erweitern, so kann man hier sicherlich einen Ansatzpunkt finden.

Die Behandlung des Falls von mehreren Gütern ist grundsätzlich möglich, doch werden die Modelle etwas schwieriger handhabbar. Die Erweiterung der Modelle kann auch geschehen, indem der Prozeß der Entstehung von Neuem näher untersucht wird. Die Erklärung der Hervorbringung und Ausbreitung von Neuerungen auf Märkten, wie sie hier vorgenommen wurde, kann als ein Baustein einer umfassenderen Theorie angesehen werden.

Eines der schwierigsten Probleme, das zu bewältigen ist, ist die Wahl und die Weiterentwicklung einer Methode, um Entstehung und Ausbreitung von Neuerungen adäquat beschreiben zu können. Hier wurde vornehmlich versucht, die Methode der Synergetik für die ökonomische Analyse nutzbar zu machen. Mitunter gibt es vielversprechendere Methoden.

Anhang A

Die Herleitung der approximativen Bewegungsgleichung für den Erwartungswert in Kapitel 5

In diesem Abschnitt soll eine Approximation für den Erwartungswert der zweidimensionalen Größe (n_A^a, n_A^i) hergeleitet werden. Die Größe n_A^a gibt entweder die Anzahl der Meinungsführer oder die Anzahl der Diffusionsagenten wieder. Dagegen ist n_A^i gleich der Anzahl des „passiven Publikums", das ebenfalls Gut A nachfragt. Zwischen den beiden Populationen gibt es keinen Wechsel.

Pro marginaler Zeiteinheit fragt jeder Meinungsführer und jedes Mitglied des „passiven Publikums" eine Einheit des Gutes A oder eine Einheit des Gutes B nach. Es ist möglich, daß ein Individuum in der Vorperiode Gut A nachfragte und jetzt Gut B nachfragt (oder umgekehrt). Makroskopisch gesehen können deshalb v Meinungsführer (bzw. Diffusionsagenten) und u Individuen des „passiven Publikums" pro Zeiteinheit von Gut A zu Gut B wechseln oder umgekehrt. Die Wahrscheinlichkeit, mit der v Meinungsführer und u Mitglieder des „passiven Publikums" von Gut B zu Gut A überwechseln, ist gleich

$$w[v, u; ., .]pr(., .; t).$$

Der Ausdruck $w[., .; ., .]$ steht für die makroskopische Übergangswahrscheinlichkeit. Sie ist eine bedingte Wahrscheinlichkeit. $pr(.,.;t)$ gibt die Wahrscheinlichkeit an, mit der die Bedingung der makroskopischen Übergangswahrscheinlichkeit $w[.,.;.,.]$ zum Zeitpunkt t eintritt.

Die Wahrscheinlichkeit, daß v Meinungsführer und u Mitglieder des „passiven Publikums" von Gut A zu Gut B wechseln ist gleich:

$$w[-v, -u; .,.] pr(.,.;t).$$

Zusätzlich ist zu berücksichtigen, daß v Meinungsführer von Gut A zu Gut B und u Mitglieder des passiven Publikums von Gut B zu Gut A wechseln können (und umgekehrt). Die zugehörigen Wahrscheinlichkeiten (man sagt auch Wahrscheinlichkeitsflux (siehe *Haken* (1983)) zur Berücksichtigung dieses Sachverhaltes sind

$$w[-v, u; .,.] pr(.,.;t)$$

bzw.

$$w[v, -u; .,.] pr(.,.;t).$$

Die Veränderung der Wahrscheinlichkeit

$$pr(n_A^a, n_A^i; t)$$

pro marginaler Zeiteinheit dt Zustand $(n_A^a, n_A^i; t)$ in Zeitpunkt t zu erreichen, errechnet sich, indem der Wahrscheinlichkeitsflux, der zu einer Erhöhung der Wahrscheinlichkeit $pr(n_A^a, n_A^i; t)$ beiträgt addiert wird, und der Wahrscheinlichkeitsflux, der zu einer Verminderung der Wahrscheinlichkeit $pr(n_A^a, n_A^i)$ beiträgt, subtrahiert wird. Dies ist das Grundprinzip der sogenannten Mastergleichung (vgl. z.B. *Haken* (1983)):

$$\frac{dpr(n_A^a, n_A^i)}{dt} = Flux - In \; - \; Flux - Out.$$

Der Flux-In besteht aus der Summation über alle Wahrscheinlichkeiten jener Zustände, von den Punkten $(n_A^a + v, n_A^i + u), (n_A^a - v, n_A^i + u), (n_A^a + v, n_A^i - u), (n_A^a - v, n_A^i - u)$ den Punkt (n_A^a, n_A^i) zu erreichen. Der Flux-Out dagegen besteht aus der Summation über die Wahrscheinlichkeiten jener Möglichkeiten, den Punkt (n_A^a, n_A^i) zu verlassen.

Die Mastergleichung nimmt somit im vorliegenden speziellen Fall die folgende Gestalt an:

$$
\begin{aligned}
\frac{dpr(n_A^a, n_A^i; t)}{dt} = &\sum_{v=1}^{n^a} \sum_{u=1}^{n^i} \{ w[-v, -u; n_A^a + v, n_A^i + u] pr(n_A^a + v, n_A^i + u; t) \\
&+ w[v, -u; n_A^a - v, n_A^i + u] pr(n_A^a - v, n_A^i + u; t) \\
&+ w[-v, u; n_A^a + v, n_A^i - u] pr(n_A^a + v, n_A^i - u; t) \\
&+ w[v, u; n_A^a - v, n_A^i - u] pr(n_A^a - v, n_A^i - u; t) \\
&- (w[-v, -u; n_A^a, n_A^i] + w[v, -u; n_A^a, n_A^i] \\
&+ w[-v, +u; n_A^a, n_A^i] + w[v, u; n_A^a, n_A^i]) pr(n_A^a, n_A^i; t)) \} \\
&+ \sum_{v=1}^{n_A^a} \{ w[-v, 0; n_A^a + v, n_A^i] pr(n_A^a + v, n_A^i; t) \\
&+ w[v, 0; n_A^a - v, n_A^i] pr(n_A^a - v, n_A^i; t) \\
&- (w[-v, 0; n_A^a, n_A^i] + w[v, 0; n_A^a, n_A^i] pr(n_A^a, n_A^i; t)) \} \\
&+ \sum_{u=1}^{n_A^i} \{ w[0, -u; n_A^a, n_A^i + u] pr(n_A^a, n_A^i + u; t) \\
&+ w[0, u; n_A^a, n_A^i - u] pr(n_A^a, n_A^i - u; t) \\
&- (w[0, -u; n_A^a, n_A^i] + w[0, u; n_A^a, n_A^i] pr(n_A^a, n_A^i; t)) \}.
\end{aligned}
$$

$$\text{(A.1)}$$

Sie dient als Grundlage zur Herleitung der approximativen Bewegungsgleichung für den Erwartungswert $E((n_A^a, n_A^i); t)$ der Anzahl der Nachfrager nach Gut A.

Der Erwartungswert ist definiert als:

$$
E((n_A^a, n_A^i))_t := \sum_{(n_A^a, n_A^i)} (n_A^a, n_A^i) pr((n_A^a, n_A^i); t). \qquad \text{(A.2)}
$$

Wird diese Größe nach t abgeleitet und in den so erhaltenen Term die rechte Seite der Gleichung $A.1$ eingesetzt, so erhält man:

$$\frac{dE((n_A^a, n_A^i))_t}{dt} = \sum_{(n_A^a, n_A^i)}(n_A^a, n_A^i)\{ \sum_{v=1}^{n^a} \sum_{u=1}^{n^i}$$

$$\{w[-v, -u; n_A^a + v, n_A^i + u]pr(n_A^a + v, n_A^i + u; t)$$

$$+w[v, -u; n_A^a - v, n_A^i + u]pr(n_A^a - v, n_A^i + u; t)$$

$$+w[-v, u; n_A^a + v, n_A^i - u]pr(n_A^a + v, n_A^i - u; t)$$

$$+w[v, u; n_A^a - v, n_A^i - u]pr(n_A^a - v, n_A^i - u; t)$$

$$-(w[-v, -u; n_A^a, n_A^i] + w[+v, -u; n_A^a, n_A^i]$$

$$+w[-v, +u; n_A^a, n_A^i] + w[+v, +u; n_A^a, n_A^i])pr(n_A^a, n_A^i; t))\}$$

$$+ \sum_{v=1}^{n^a}\{w[-v, 0; n_A^a + v, n_A^i]pr(n_A^a + v, n_A^i; t)$$

$$+w[v, 0; n_A^a - v, n_A^i]pr(n_A^a - v, n_A^i; t)$$

$$-(w[-v, 0; n_A^a, n_A^i] + w[v, 0; n_A^a, n_A^i]pr(n_A^a, n_A^i; t))\}$$

$$+ \sum_{u=1}^{n^i}\{w[0, -u; n_A^a, n_A^i + u]pr(n_A^a, n_A^i + u; t)$$

$$+w[0, u; n_A^a, n_A^i - u]pr(n_A^a, n_A^i - u; t)$$

$$-(w[0, -u; n_A^a, n_A^i] + w[0, +u; n_A^a, n_A^i]pr(n_A^a, n_A^i; t))\}\}$$

$$(A.3)$$

Formel $A.3$ ist sehr unhandlich und in der vorliegenden Form kaum nutzbringend anwendbar. Deshalb wird eine Umformung vorgenommen, die zu einer handhabbaren Formel führt. Um sich mit den Argumenten vertraut zu machen, die zur Begründung der Umformung herangezogen werden, wird die Summe in $A.3$ für die Parameterwerte $v, u \epsilon \{0, 1\}, n_A^a, n_A^i \epsilon \{0, 1, 2\}$ in einzelne Summanden aufgespalten.

$$v = 1, u = 0 \qquad\qquad v = 0, u = 1$$

$$+(1,0)w[-1,0;2,0]pr(2,0;t) \qquad +(1,0)w[0,-1;1,1]pr(1,1;t)$$
$$+(1,0)w[+1,0;0,0]pr(0,0;t) \qquad +(1,0)w[0,+1;1,-1]pr(1,-1;t)$$
$$-(1,0)w[-1,0;1,0]pr(1,0;t) \qquad -(1,0)w[0,-1;1,0]pr(1,0;t)$$
$$-(1,0)w[+1,0;1,0]pr(1,0;t) \qquad -(1,0)w[0,+1;1,0]pr(1,0;t)$$

$$+(0,1)w[-1,0;1,1]pr(1,1;t) \qquad +(0,1)w[0,-1,0;0,2]pr(0,2;t)$$
$$+(0,1)w[+1,0;-1,1]pr(-1,1;t) \qquad +(0,1)w[0,+1,0;0,0]pr(0,0;t)$$
$$-(0,1)w[-1,0;0,1]pr(0,1;t) \qquad -(0,1)w[0,-1,0;0,1]pr(0,1;t)$$
$$-(0,1)w[+1,0;0,1]pr(0,1;t) \qquad -(0,1)w[0,+1,0;0,1]pr(0,1;t)$$

$$+(2,0)w[-1,0;3,0]pr(3,0;t) \qquad +(2,0)w[0,-1;2,1]pr(2,1;t)$$
$$+(2,0)w[+1,0;1,0]pr(1,0;t) \qquad +(2,0)w[0,+1;2-1]pr(2,-1;t)$$
$$-(2,0)w[-1,0;2,0]pr(2,0;t) \qquad -(2,0)w[0,-1;2,0]pr(2,0;t)$$
$$-(2,0)w[+1,0;2,0]pr(2,0;t) \qquad -(2,0)w[0,+1;2,0]pr(2,0;t)$$

$$+(0,2)w[-1,0;1,2]pr(1,2;t) \qquad +(0,2)w[0,-1,0;0,3]pr(0,3;t)$$
$$+(0,2)w[+1,0;-1,2]pr(-1,2;t) \qquad +(0,2)w[0,+1,0,1]pr(0,1;t)$$
$$-(0,2)w[-1,0;0,2]pr(0,2;t) \qquad -(0,2)w[0,-1,0;0,2]pr(0,2;t)$$
$$-(0,2)w[+1,0;0,2]pr(0,2;t) \qquad -(0,2)w[0,+1,0;0,2]pr(0,2;t)$$

$$+(1,1)w[-1,0;2,1]pr(2,1;t) \qquad +(1,1)w[0,-1,0;0,2]pr(0,2;t)$$
$$+(1,1)w[+1,0;0,1]pr(0,1;t) \qquad +(1,1)w[0,+1,0;0,0]pr(0,0;t)$$
$$-(1,1)w[-1,0;1,1]pr(1,1;t) \qquad -(1,1)w[0,-1,0;0,1]pr(0,1;t)$$
$$-(1,1)w[+1,0;1,1]pr(1,1;t) \qquad -(1,1)w[0,+1,0;0,1]pr(0,1;t)$$

$$+(2,1)w[-1,0;3,1]pr(3,1;t) \qquad +(2,1)w[0,-1,0;0,2]pr(0,2;t)$$
$$+(2,1)w[+1,0;1,1]pr(1,1;t) \qquad +(2,1)w[0,+1,0;0.0]pr(0,0;t)$$
$$-(2,1)w[-1,0;2,1]pr(2,1;t) \qquad -(2,1)w[0,-1,0;0,1]pr(0,1;t)$$
$$-(2,1)w[+1,0;2,1]pr(2,1;t) \qquad -(2,1)w[0,+1,0;0,1]pr(0,1;t)$$

$$+(1,2)w[-1,0;2,2]pr(2,2;t) \qquad +(1,2)w[0,-1,0;0,3]pr(0,3;t)$$
$$+(1,2)w[+1,0;0,2]pr(0,2;t) \qquad +(1,2)w[0,+1,0;0,1]pr(0,1;t)$$
$$-(1,2)w[-1,0;1,2]pr(1,2;t) \qquad -(1,2)w[0,-1,0;0,2]pr(0,2;t)$$
$$-(1,2)w[+1,0;1,2]pr(1,2;t) \qquad -(1,2)w[0,+1,0;0,2]pr(0,2;t)$$

$$+(2,2)w[-1,0;3,2]pr(3,2;t) \qquad +(2,2)w[0,-1,0;2,3]pr(2,3;t)$$
$$+(2,2)w[+1,0;1,2]pr(1,2;t) \qquad +(2,2)w[0,+1,0;2,1]pr(2,1;t)$$
$$-(2,2)w[-1,0;2,2]pr(2,2;t) \qquad -(2,2)w[0,-1,0;2,2]pr(2,2;t)$$
$$-(2,2)w[+1,0;2,2]pr(2,2;t) \qquad -(2,2)w[0,+1,0;2,2]pr(2,2;t)$$

$$(A.4)$$

$$v = 1, u = 1 \qquad\qquad v = 1, u = 1$$

$$+(1,0)w[-1,-1;2,1]pr(2,1;t) \qquad +(0,1)w[-1,-1;1,2]pr(1,2;t)$$
$$+(1,0)w[+1,-1;0,1]pr(0,1;t) \qquad +(0,1)w[+1,-1;-1,2]pr(-1,2,t)$$
$$+(1,0)w[-1,+1;2,-1]pr(2,-1;t) \qquad +(0,1)w[-1,+1;1,0]pr(1,0;t)$$
$$+(1,0)w[+1,+1;0,-1]pr(0,-1;t) \qquad +(0,1)w[+1,+1;-1,0]pr(-1,0;t)$$
$$-(1,0)w[-1,-1;1,0]pr(1,0;t) \qquad -(0,1)w[-1,-1;0,1]pr(0,1;t)$$
$$-(1,0)w[+1,-1;1,0]pr(1,0;t) \qquad -(0,1)w[+1,-1;0,1]pr(0,1;t)$$
$$-(1,0)w[-1,+1;1,0]pr(1,0;t) \qquad -(0,1)w[-1,+1;0,1]pr(0,1;t)$$
$$-(1,0)w[+1,+1;1,0]pr(1,0;t) \qquad -(0,1)w[+1,+1;0,1]pr(0,1;t)$$

$$+(2,0)w[-1,-1;3,1]pr(3,1;t) \qquad +(0,2)w[-1,-1;1,3]pr(1,3;t)$$
$$+(2,0)w[+1,-1;1,1]pr(1,1;t) \qquad +(0,2)w[+1,-1;-1,3]pr(-1,3;t)$$
$$+(2,0)w[-1,+1;3,-1]pr(3,-1;t) \qquad +(0,2)w[-1,+1;1,1]pr(1,1;t)$$
$$+(2,0)w[+1,+1;1,-1]pr(1,-1;t) \qquad +(0,2)w[+1,+1;-1,1]pr(-1,1;t)$$
$$-(2,0)w[-1,-1;2,0]pr(2,0;t) \qquad -(0,2)w[-1,-1;0,2]pr(0,2;t)$$
$$-(2,0)w[+1,-1;2,0]pr(2,0;t) \qquad -(0,2)w[+1,-1;0,2]pr(0,2;t)$$
$$-(2,0)w[-1,+1;2,0]pr(2,0;t) \qquad -(0,2)w[-1,+1;0,2]pr(0,2;t)$$
$$-(2,0)w[+1,+1;2,0]pr(2,0;t) \qquad -(0,2)w[+1,+1;0,2]pr(0,2;t)$$

$$+(1,1)w[-1,-1;2,2]pr(2,2;t) \qquad +(2,1)w[-1,-1;3,2]pr(3,2;t)$$
$$+(1,1)w[+1,-1;0,2]pr(0,2;t) \qquad +(2,1)w[+1,-1;1,2]pr(1,2;t)$$
$$+(1,1)w[-1,+1;2,0]pr(2,0;t) \qquad +(2,1)w[-1,+1;3,0]pr(3,0;t)$$
$$+(1,1)w[+1,+1;0,0]pr(0,0;t) \qquad +(2,1)w[+1,+1;1,0]pr(1,0;t)$$
$$-(1,1)w[-1,-1;1,1]pr(1,1;t) \qquad -(2,1)w[-1,-1;2,1]pr(2,1;t)$$
$$-(1,1)w[+1,-1;1,1]pr(1,1;t) \qquad -(2,1)w[+1,-1;2,1]pr(2,1;t)$$
$$-(1,1)w[-1,+1;1,1]pr(1,1;t) \qquad -(2,1)w[-1,+1;2,1]pr(2,1;t)$$
$$-(1,1)w[+1,+1;1,1]pr(1,1;t) \qquad -(2,1)w[+1,+1;2,1]pr(2,1;t)$$

$$+(1,2)w[-1,-1;2,3]pr(2,3;t) \qquad +(2,2)w[-1,-1;3,3]pr(3,3;t)$$
$$+(1,2)w[+1,-1;0,3]pr(0,3;t) \qquad +(2,2)w[+1,-1;1,3]pr(1,3;t)$$
$$+(1,2)w[-1,+1;2,1]pr(2,1;t) \qquad +(2,2)w[-1,+1;3,1]pr(3,1;t)$$
$$+(1,2)w[+1,+1;0,1]pr(0,1;t) \qquad +(2,2)w[+1,+1;1,1]pr(1,1;t)$$
$$-(1,2)w[-1,-1;1,2]pr(1,2;t) \qquad -(2,2)w[-1,-1;2,2]pr(2,2;t)$$
$$-(1,2)w[+1,-1;1,2]pr(1,2;t) \qquad -(2,2)w[+1,-1;2,2]pr(2,2;t)$$
$$-(1,2)w[-1,+1;1,2]pr(1,2;t) \qquad -(2,2)w[-1,+1;2,2]pr(2,2;t)$$
$$-(1,2)w[+1,+1;1,2]pr(1,2;t) \qquad -(2,2)w[+1,+1;2,2]pr(2,2;t)$$

Einzelne Summanden sind gleich Null zu setzen. Denn zum einen ist die Wahrscheinlichkeit, einen Punkt außerhalb des Möglichkeitsbereiches zu erreichen, gleich Null. So ist z.B. die Wahrscheinlichkeit $pr(-1,.;t) = 0$. Zum anderen ist die Übergangswahrscheinlichkeit von einem Zustand aus dem Möglichkeitsbereich zu einem Punkt außerhalb des Möglichkeitsbereiches zu wechseln, gleich Null (Bsp.: $w[-2,.;0,.] = 0$).

Für die verbleibenden Summanden gibt es zu jedem Summanden, der ein Teil des Flux-In repräsentiert, stets ein Summand, der einen Teil des Flux-Out repräsentiert, so daß beide Summanden addiert werden können. Anders gesagt gibt es zu

$$(n_A^a, n_A^i)w[-v, -u; n_A^a + v, n_A^i + u]pr(n_A^a + v, n_A^i + u; t)$$

den Summanden

$$-(n_A^a + v, n_A^i + u)w[-v, -u; n_A^a + v, n_A^i + u]pr(n_A^a + v, n_A^i + u; t)$$

und beide Summanden können miteinander addiert werden. Die Addition beider Summanden ergibt:

$$(-v, -u)w[-v, -u; n_A^a + v, n_A^i + u]pr(n_A^a + v, n_A^i + u; t).$$

Zu dem Summanden

$$(n_A^a, n_A^i)w[+v, -u; n_A^a - v, n_A^i + u]pr(n_A^a - v, n_A^i + u; t)$$

gibt es den Summanden

$$-(n_A^a - v, n_A^i + u)w[+v, -u; n_A^a - v, n_A^i + u]pr(n_A^a - v, n_A^i + u; t).$$

Die Summe beider Summanden ergibt

$$(v, -u)w[+v, -u; n_A^a - v, n_A^i + u]pr(n_A^a - v, n_A^i + u; t).$$

Zu dem Summanden

$$(n_A^a, n_A^i)w[-v, +u; n_A^a + v, n_A^i - u]pr(n_A^a + v, n_A^i - u; t)$$

gibt es den Summanden

$$-(n_A^a + v, n_A^i - u)w[-v, +u; n_A^a + v, n_A^i - u]pr(n_A^a + v, n_A^i - u; t)$$

und die Addition beider Summanden ergibt

$$(-v, +u)w[-v, +u; n_A^a + v, n_A^i - u].pr(n_A^a + v, n_A^i - u; t)$$

Zu dem Summanden

$$(n_A^a, n_A^i)w[+v, +u; n_A^a - v, n_A^i - u]pr(n_A^a - v, n_A^i - u; t)$$

gibt es den Summanden

$$(n_A^a - v, n_A^i - u)w[+v, +u; n_A^a - v, n_A^i - u]pr(n_A^a - v, n_A^i - u; t)$$

und die Summe beider Summanden ergibt

$$(v, u)w[+v, +u; n_A^a - v, n_A^i - u]pr(n_A^a - v, n_A^i - u; t).$$

Folglich kann Formel *A.3* aufgespalten werden in

$$\frac{dE(n_A^a)}{dt} =$$

$$\sum_{(n_A^a, n_A^i)}^{(n^a, n^i)} \sum_{v=0}^{n^i} \sum_{u=0}^{n^i} v[w[+v, +u; n_A^a - v, n_A^i - u]pr(n_A^a - v, n_A^i - u; t)$$

$$+w[+v, -u; n_A^a - v, n_A^i + u]pr(n_A^a - v, n_A^i + u; t)$$

$$-w[-v, +u; n_A^a + v, n_A^i - u]pr(n_A^a + v, n_A^i - u; t)$$

$$-w[-v, -u; n_A^a + v, n_A^i + u]pr(n_A^a + v, n_A^i + u; t)]$$

$$(A.5)$$

und

$$\frac{dE(n^i_A)}{dt} =$$

$$\sum_{(n^a_A, n^i_A)}^{(n^a, n^i)} \sum_{v=0}^{n^a} \sum_{u=0}^{n^i} u[w[+v, +u; n^a_A - v, n^i_A - u]pr(n^a_A - v, n^i_A - u; t)$$

$$+w[-v, +u; n^a_A + v, n^i_A - u]pr(n^a_A + v, n^i_A - u; t)$$

$$-w[+v, -u; n^a_A - v, n^i_A + u]pr(n^a_A - v, n^i_A + u; t)$$

$$-w[-v, -u; n^a_A + v, n^i_A + u]pr(n^a_A + v, n^i_A + u; t)].$$

$$(A.6)$$

Durch die Formel *A*.5 bzw. *A*.6 wird der Erwartungswert

$$E(\sum_{v=0}^{n^a} \sum_{u=0}^{n^i} v[w[+v, +u; n^a_A - v, n^i_A - u]pr(n^a_A - v, n^i_A - u; t)$$

$$+w[+v, -u; n^a_A - v, n^i_A + u]pr(n^a_A - v, n^i_A + u; t)$$

$$-w[-v, +u; n^a_A + v, n^i_A - u]pr(n^a_A + v, n^i_A - u; t)$$

$$-w[-v, -u; n^a_A + v, n^i_A + u]pr(n^a_A + v, n^i_A + u; t)])$$

bzw.

$$E(\sum_{v=0}^{n^a} \sum_{u=0}^{n^i} u[w[+v, +u; n^a_A - v, n^i_A - u]pr(n^a_A - v, n^i_A - u; t)$$

$$+w[-v, +u; n^a_A + v, n^i_A - u]pr(n^a_A + v, n^i_A - u; t)$$

$$-w[+v, -u; n^a_A - v, n^i_A + u]pr(n^a_A - v, n^i_A + u; t)$$

$$-w[-v, -u; n^a_A + v, n^i_A + u]pr(n^a_A + v, n^i_A + u; t)])$$

errechnet. Wird vorausgesetzt, daß $pr(n^a_A, n^i_A, t)$ in der Umgebung des Erwartungswertes sehr steil und eingipflig bleibt, so wird eine sinnvolle approximative Bewegungsgleichung für den Erwartungswert

$$\frac{dE(n_A^a)}{dt} =$$

$$\sum_{v=0}^{n^a} \sum_{u=0}^{n^i} v[w[+v, +u; E(n_A^a), E(n_A^i)]$$

$$+w[+v, -u; E(n_A^a), E(n_A^i)]$$

$$-w[-v, +u; E(n_A^a), E(n_A^i)]$$

$$-w[-v, -u; E(n_A^a), E(n_A^i)]]$$

$$= \sum_{v=0}^{n^a} v[\sum_{u=0}^{n^i} \{w[+v, +u; E(n_A^a), E(n_A^i)]$$

$$+w[+v, -u; E(n_A^a), E(n_A^i)]\}$$

$$- \sum_{u=0}^{n^i} \{w[-v, +u; E(n_A^a), E(n_A^i)]$$

$$+w[-v, -u; E(n_A^a), E(n_A^i)]\}]$$

$$= \sum_{v=0}^{n^a} v[w[+v, .; E(n_A^a), E(n_A^i)] - w[-v, .; E(n_A^a), E(n_A^i)]]$$

$$(A.7)$$

bzw.

$$\frac{dE(n_A^i)}{dt} =$$

$$\sum_{v=0}^{n^a} \sum_{u=0}^{n^i} u[w[+v, +u; E(n_A^a), E(n_A^i)]$$

$$+ w[-v, +u; E(n_A^a), E(n_A^i)]$$

$$- w[+v, -u; E(n_A^a), E(n_A^i)]$$

$$- w[-v, -u; E(n_A^a), E(n_A^i)]]$$

$$= \sum_{u=0}^{n^i} u[\sum_{v=0}^{n^a} \{w[+v, +u; E(n_A^a), E(n_A^i)]$$

$$+ w[-v, +u; E(n_A^a), E(n_A^i)]\}$$

$$- \sum_{v=0}^{n^a} \{w[+v, -u; E(n_A^a), E(n_A^i)]$$

$$+ w[-v, -u; E(n_A^a), E(n_A^i)]\}]$$

$$= \sum_{u=0}^{n^i} u[w[., +u; E(n_A^a), E(n_A^i)] - w[., -u; E(n_A^a), E(n_A^i)]]$$

$$(A.8)$$

erhalten.

Literaturverzeichnis

Alchian, A.A. (1950), "Uncertainty, Evolution, And Economic Theory", in, Journal of Political Economy, Vol. 58, 211-221.

Anderson, W.P. (1989). "An evolutionary model of growth in a two region economy", The Annals of Regional Science, Vol. 23, 105-120.

Andersson, A.,E. (1987), "Creativity and Economic Dynamic Modelling", in, D. Batten, J. Casti, B. Johansson (Hrsg.), Economic Evolution and Structural Adjustment, Proceedings of invited Sessions on Economic Evolution and Structural Change Held at the 5th International Conference on Mathematical Modelling at the University of California, Berkeley, California, USA July 29- 31, 1985, 27-45.

Arthur, W.B. (1988), "Self-Reinforcing Mechanisms in Economics", in, Anderson, P.W., Arrow, K.J. und Pines, D. (Hrsg.), The Economy As An Evolving Complex System, Santa Fe Institute studies in the sciences of Complexity, Vol. 5, Proceedings of a workshop sponsored by Santa Fe Institute, Redwood City, California; Meno Park, California; Reading, Massachusetts, New York; u.a.O., 9-31.

Arthur, W.B. (1988a), Competing Technologies: An Overview, in, G. Dosi, C. Freeman, R. Nelson, G. Silverberg, L. Soete (Hrsg.) (1988), Technical Change and Economic Theory, London, New York (Pinter Publishers), 590-607.

Arthur, W.B. (1989), "Competing Technologies, Increasing Returns, and Lock-in by Historical Events", The Economic Journal, Vol. 99, 116-131.

Arthur, W.B. (1991), "Designing Economic Agents that Act Like Human Agents: A Behavioral Approach to Bounded Rationality", in, The American Economic Review, Papers and Proceedings, Vol. 81, 353-359.

Bamberg, G. und Baur, F. (1980), Statistik, München, Wien (R. Oldenbourg Verlag).

Bass, F.M. (1980), "The Relationship between Diffuion Rates, Experience Curves, and Demand Elasticities for Consumer Durable Technological Innovations", Journal of Business, Vol. 53 (Januar), 51-67.

Baumol, W.J. (1992), "Horizontal Collusion And Innovation", in, The Economic Journal, Vol. 102, 129-137.

Bower, G.H. und Hilgard, E.R. (1984), Theorien des Lernens II, 5. Originalauflage, Englewood Cliffs, NJ: Prentice-Hall (3).

Bower, G.H. und Hilgard, E.R. (1983), Theorien des Lernens I, 5. Originalauflage, Englewood Cliffs, NJ: Prentice-Hall (3).

Brandon, R.N. (1988), "The Levels of Selection: A Hierarchy of Interactors", in, H.C. Plotkin (Hrsg.) (1988), The Role of Behavior in Evolution, Cambridge, 51-71.

Buchanan, J.M. und Vanberg, V.J. (1990), "The Market As A Creative Process", Paper prepared for Liberty Fund Conference on "An Inquiry into Liberty and Self-Organizing Systems," April 26-29, 1990, Rio Rico, Arizona.

Day, R.H. (1967), "Profits, Learning And The Convergence Of Satisficing To Marginalism", Quarterly Journal Of Economics, Vol. 81, 302-311.

Day, R.H. (1987), "The General Theory of Disequilibrium Economics and of Economic Evolution", in, D. Batten, J. Casti, B. Johansson (Hrsg.), Economic Evolution and Structural Adjustment, Proceedings, Berkeley, California, USA, 1985, Berlin, Heidelberg, New York, London, Paris, Tokyo (Springer-Verlag), 46-63.

Dolan, R. J. und Jeuland (1981), "Experience Curves And Dynamic Demand Models: Implications For Optimal Pricing Strategies", in, Journal of Marketing, Vol. 45, 52-62.

Dosi, G. (1984), "Technological Paradigms and Technological Trajectories, The determinants and directions of technical change and the transformation of the economy", in, Freeman, C. (1984), 78-101.

Dosi, G. (1988), "Sources Procedures, and Microeconomic Effects of Innovation", in, Journal of Economic Literature, Vol. 26, 1120-1171.

Erdmann, G. (1989), "Über den Unterschied zwischen neoklassischer und evolutorischer Ökonomik", Arbeitspapiere des Instituts für Wirtschaftsforschung (ETH Zürich).

Eucken, W. (1968), Grundlagen der Wirtschaftspolitik, 4. unveränderte Auflage, Tübingen, Zürich (J.C.B. Mohr (Paul Siebeck)).

Farrel, J. und Saloner, G. (1985), Standardization, compatibility, and innovation", in, Rand Journal of Economics, Vol. 16, 70-83.

Fehl, U. (1983), "Die Theorie dissipativer Strukturen als Ansatzpunkt für die Analyse von Innovationsproblemen in alternativen Wirtschaftsordnungen", in, A. Schüller, H. Leipold, H. Hamel (Hrsg.), Innovationsprobleme in Ost und West, Schriften zum Ausgleich von Wirtschaftsordnungen, Heft 33, Stuttgart (Gustav Fischer Verlag), 65-89.

Freeman, C. (Hrsg.) (1984), Long Waves in the World Economy, London und Dover (Frances Pinter (Publishers)).

Gatignon, H.A. u. Robertson, T.S. (1986), "Integration of Consumer Diffusion Theory and Diffusion Models: New Research Directions", in, Mahajan u. Wind (1986).

Gerybadze, A. (1982), Innovation, Wettbewerb und Evolution, Eine mikro- und mesoökonomische Untersuchung des Anpassungsprozesses von Herstellern und Anwendern neuer Produzentengütern, Tübingen (J.C.B. Mohr (Paul Siebeck)).

Gierl, H. (1987), Die Erklärung der Diffusion technischer Produkte, Berlin: Duncker & Humblot.

Granovetter, M. und Soong, R. (1986), "Threshold Models of Interpersonal Effects in Consumer Demand", in, Journal of Economic Behavior and Organization, Vol. 7, 83-99.

Haken, H. (1983), Synergetics, An Introduction, Nonequilibrium Phase Transitions and Self-Organization in Physics, Chemistry, and Biology, Third Revised and Enlarged Edition, Berlin, Heidelberg, New York, Tokyo (Springer-Verlag).

Heertje, A. und Perlman, M, (Hrsg.) (1990), Evolving Technology and Market Structure, Studies in Schumpeterian Economics, Ann Arbor (The University of Michigan Press).

Heiner, R.A. (1988), "Imperfect Decisions in Organizations, Toward a Theory of Internal Structure", in, Journal of Economic Behavior and Organization, Vol. 9, 25-44.

Herrnstein, R.J. (1989), "Darwinism and Behaviorism: Parallels and Intersections", in, A. Grafen, (Hrsg.), Evolution and its Influence, Oxford (Clarendon Press), 35-61.

Herrnstein, R.J. und Prelec, D. (1991), "Melioration: A Theory Of Distributed Choice", in, Journal of Economic Perspectives, Vol. 5 137-156.

Hesse, G. (1990), "Evolutorische Ökonomik oder Kreativität in der Theorie", in, U. Witt (Hrsg.), Studien zur Evolutorischen Ökonomik I, Schriften des Vereins für Socialpolitik, Band 195/I, Berlin (Duncker & Humblot), 49-73.

Hey, J.D. und McKenna, C.J. (1981), "Consumer Search with Uncertain Product Quality", in, Journal of Political Economy, Vol. 89, 54-66.

Isaac, R.M. und Reynolds, S.S. (1992), "Schumpeterian competition in experimental markets" in, Journal of Economic Behavior and Organization, Vol. 17, 59-100.

Iwai, K. (1984), "Schumpeterian Dynamics, Part II: Technological Progress, Firm Groth and, Economic 'Selection'", Journal of Economic Behavior and Organization, Vol 5, 321-351.

Jantsch, E. (1982), Die Selbstorganisation des Universums, Vom Urknall zum menschichen Geist, München (Deutscher Taschenbuch Verlag).

Kerber, W. (1991), "Zur Entstehung von Wissen: Grundsätzliche Bemerkungen zu Möglichkeiten und Grenzen staatlicher Förderung der Wissensproduktion aus der Sicht der Theorie evolutionärer Marktprozesse", in, P. Oberender und M. Streit (Hrsg.) (1991), Marktwirtschaft und Innovation, Baden-Baden (Nomos- Verlagsgesellschaft), 9-52.

Kirzner, I.M. (1973), Competition and Entrepreneurship, Chicago und London, (The University of Chicago Press).

Koçak, H. (1986), Differential and difference equations through computer experiments. With diskettes containing PHASER: an animator/simulator for dynamical systems for IBM Personal Computers, New York u.a.O. (Springer-Verlag).

Körth, H., Otto, C., Runge, W. und Schoch, M. (Hrsg.), Lehrbuch der Mathematik für Wirtschaftswissenschaften, Opladen (Westdeutscher Verlag).

Kraft, M. (1990), "Bausteine einer Ökonometrie der Verhaltenslandschaften", in, T. Schmid-Schönbein u.a. (Hrsg.), Ökonomie und Gesellschaft, Individuelles Verhalten und kollektive Phänomende, Jahrbuch 8, Frankfurt, New York (Campus Verlag), 281-308.

Kroeber-Riel, W. (1980, 1984), Konsumentenverhalten, München.

Laslier, J.F. (1989), "Dévelopement des entreprises et évolution de la concurrence", in, Economie Appliquée, Vol. XLII, 155-170.

Leibenstein, H. (1950), "Bandwagon, Snob, And Veblen Effects In The Theory Of Consumers' Demand", in, Quarterly Journal Of Economics, Vol. 64, 183-207.

Lieberman, M.B. (1984), "The learning curve and pricing in the chemical processing industries", in, Rand Journal of Economics, Vol. 15, 213-228.

Mahajan, V. und Wind, Y. (1986a), "Innovation Diffusion Models Of New Product Acceptance: A Reaxamination", in, Mahajan und Wind (1986), 3-25.

Mahajan, V. und Wind, Y. (Hrsg.) (1986), Innovation Diffusion Models Of New Product Acceptance, Cambridge, Massachusetts.

Metcalfe, J.S. (1984), "Impulse And Diffusion In The Study Of Technical Change", in, Freeman, C. (1984), 102-114.

Metcalfe, J.S. (1991), "Competition and Collaboration in the Innovation Process", Paper prepared for National Development Office Policy Seminar "Stimulating Innovation in Industry".

Minami, R. und Makino, F. (1990), "Introduction, Adaptation, and Diffusion of Modern Technology in Prewar Japan: The Case of Power Looms", in, A. Heertje und M. Perlman (Hrsg.) (1990), 227-246.

Nelson, P. (1970), "Information and Consumer Behavior.", in, Journal of Political Economy, Vol. LXXVIII, 311-329.

Nelson, R. und Winter, S. (1982), An Evolutionary Theory of Economic Change, Cambridge, Mass. (Harvard University Press).

Pascha, W. (1990), "Wirschaftliche Stufentheorien und ihre Weiterentwicklung — eine Würdigung aus heutiger Sicht", in, T. Dams,

Beiträge zur Gesellschafts- und Wirtschaftspolitik, Grundlagen - Empirie - Umsetzung, Kunihiro Jojima zum 70. Geburtstag, Berlin (Duncker & Humblodt), 39-63.

Richter, R., Schlieper, U. und Friedmann, W. (1981), Makroökonomik Eine Einführung, Vierte, korrigierte und ergänzte Auflage, Berlin, Heidelberg, New York (Springer-Verlag).

Rogers, E.M. (1983), "Diffusion of Innovations",3rd ed., New York (Free Press).

Romme, A.G.L. (1990), "Innovation as Self-Organization" Maastricht Economic Research Institute on Innovation and Technology (ME-RIT), Limburg University Maastricht, The Netherlands, Prepared for the Dutch Workshop on Technology Research, Groningen, May 31st- June 1st, 1990.

Röpke, J. (1977), Die Strategie der Innovation, Eine systemtheoretische Unterschung der Interaktion von Individuum, Organisation und Markt im Neuerungsprozeß, Tübingen (J.C.B. Mohr (Paul Siebeck)).

Rothschild, M. (1974a), "A Two-Armed Bandit Theory of Market Pricing", in, Journal of Economic Theory, Vol. 9, 185-202.

Rothschild, M.L. und Gaidis, W.C. (1981), "Behavioral Learning Theory: Its Relevance To Marketing And Promotions", Journal of Marketing, Vol. 45, 70-78.

Rottmann, K. (Hrsg.) (1969), "Mathematische Formelsammlung", in, Fachredakteure des Bibliographischen Instituts (Hrsg.) (1969), Der Große Rechenduden, Erster Band, Anleitungen und Regeln für einfache und schwierige Rechenvorgänge der Schul- und Ingenieurmathematik in alphabetischer Reihenfolge, 3. Auflage (Dudenverlag).

Sahal, D. (1981), Patterns of Technological Innovations, New York.

Sauermann, H. und Selten, R. (1962), "Anspruchsanpassungstheorie der Unternehmung", Zeitschrift für die gesamte Staatswissenschaft, Vol. 118, 577-597.

Schlicht, E. (1985), Isolation and Aggregation in Economics, Berlin u.a.O..

Schmalensee, R. (1975), "Alternative Models of Bandit Selection", in, Journal of Economic Theory, Vol. 10, 333-342.

Schmid-Schönbein, T.,Schneider, J., Vogt, W. u.a. (Hrsg.), (1990), Ökonomie und Gesellschaft, Jahrbuch 8, Individuelles Verhalten und kollektive Phänomene, Frankfurt am Main, New York (Campus Verlag).

Schmidtchen, D. (1990), "Preise und spontane Ordnung — Prinzipien einer Theorie ökonomischer Evolution", in, U. Witt (Hrsg.), Studien zur Evolutorischen ökonomik, Schriften des Vereins für Socialpolitik, Berlin (Duncker & Humblot), 75-113.

Scholl, W. (1991), "Evolutionäre Rationalität — Der Beitrag der Psychologie in einer Evolutionären Ökonomik", Arbeitspapier für die 2. Tagung des temporären Arbeitskreises "Evolutorische Ökonomik" Freiburg, 4.-6.7.1991.

Schumpeter J. (1912), Theorie der wirtschaftlichen Entwicklung, Eine Untersuchung über Unternehmergewinn, Kapital, Kredit, Zins und den Konjunkturzyklus, Fünfte Auflage 1952, Berlin (Duncker & Humblot).

Shackle, G.L.S. (1957), "Expectations in Economics", in, C.F. Carter (1957), Uncertainty and Business Decisions, Liverpool.

Sheth, J.N. (1968), "How Adults Learn Brand Preferences", in, Journal of Advertising Research, Vol. 8, 25-36.

Silverberg, G. (1988), "Modelling economic dynamics and technical change: mathematical approaches to self-organization and evolution", in, G. Dosi, C. Freeman, R. Nelson, G. Silverberg, L. Soete

(Hrsg.) (1988), Technical Change and Economic Theory, London, New York (Pinter Publishers), 531-559.

Simon, H. (1981), Preisstrategie und Markenlebenszyklus", in, Jahrbuch der Absatz- und Verbrauchsforschung, Vol. 27, S. 64-88.

Smallwood, D.E. und Conlisk, J. (1979), "Product Quality in Markets where Consumers Are Imperfect Informed", in, Quarterly Journal of Economics, Voil. XCIII, 1-23.

Steiner, J. (1985), SYMPHONY für Praktiker, Das umfassende Nachschlagewerk mit vielen praktischen Beispielen, Haar bei München (Markt & Technik Verlag AG).

Tellis, G.J. und Crawford, C.M. (1981), "An Evolutionary Approach To Product Growth Theory", in, Journal of Marketing, Vol. 45, 125-132.

Tigert, D. u. Farivar, B. (1981), "The Bass New Product Growth Model: A Sensitivity Analysis for a high Technology Product", in, Journal of Marketing, Vol. 45, 81-90.

Verhulst, F. (1990), "Nonlinear Differential Equations and Dynamical Systems, London, Paris, Tokyo, Hong Kong (Springer- Verlag).

Vogt, T. (1991), Technischer Fortschritt und Preisentwicklung, Frankfurt am Main, Bern, New York, Paris (Peter Lang).

Völker, R. (1990), Innovationsentscheidungen und Marktstruktur, Der suchtheoretische Ansatz, Heidelberg (Physica-Verlag).

Weidlich, W. (1991), "Das Modellierungskonzept der Synergetik für Dynamische Sozio-ökonomische Prozesse", Vortrag im Temporären Arbeitskreis Evolutorische Ökonomik", Freiburg, 4.-6. Juli 1991.

Weidlich, W. und Haag, G. (1983), Concepts and Models of a Quantitative Sociology, Berlin-Heidelberg-New York.

Weise, P. (1990a), "Der synergetische Ansatz zur Analyse der gesellschaftlichen Selbstorganisation", in, Schmid-Schönbein, T, Schneider J, Vogt, W. u.a. (Hrsg.), (1990).

Weise, P. (1990b), "Evolution of a field of socioeconomic forces", in, U. Witt (Hrsg.) (1990), Contributions to Evolutionary Economics, forthcoming.

Winter, S.G. (1971) "Satisficing, Selection, And The Innovationg Remnant", in, Quarterly Journal of Economics, Vol. 85, 237-261.

Witt (1980), Marktprozesse, Neoklassische versus evolutorische Theorie der Preis- und Mengendynamik, Königstein/Ts. (Atenäum Verlag).

Witt, U. (1982), "Einige Probleme und Ergebnisse einer dynamischen Theorie des Marktprozesses bei unvollkommener Information", in, Zeitschrift für Wirtschafts- und Sozialwissenschaft, Vol. 102, 487-514.

Witt, U. (1985), "Coordination of Individual Economic Activities as an Evolving Process of Self-Organization", in, Economie appliquée, Vol. XXXVII, 569-595.

Witt, U. (1987), Individualistische Grundlagen der evolutorischen Ökonomik, Tübingen: Mohr (Paul Siebeck).

Witt, U. (1989), "The evolution of economic institutions as a propagation process", in, Public Choice, Vol. 62, 155-172.

Witt, U. (1989a), "Interdependent Expectations, Investment, and Institutional Change", Paper to be presented at the 14th IAREP Annual Colloquium, September 24-27, 1989, Warsaw, Poland.

Witt, U. (1989b), "Emergence and Dissemination of Innovations, Some Problems and Principles of Evolutionary Economics, Paper to be presented at the International Symposium on Evolutionary Dynamics and Nonlinear Economics, Austin, Texas, April 16-19, 1989.

Witt, U. (1990a), "Reflections on the Present State of Evolutionary Economic Theory", Guest Lecture to be delivered at the 1990 Conference of the European Association for Evolutionary Political Economy, Florence, Italy November 15-17, 1990.

Zhang, W.-B. (1991), Synergetic economics. Time and change in non-linear economics (Springer Series in Synergetics, Vol. 53).

Verzeichnis der verwendeten Symbole

* dient zur Kennzeichnung eines singulären Punktes

(.) dient zu Kennzeichnung eines Spaltenvektors.

$|\ |$ Betragszeichen.

$\neg$ logisches „nicht".

$\vee$ logisches „oder".

$\wedge$ logisches „und".

$$\frac{-d\,Potential}{dE(\frac{n_A}{n})} = \frac{d\,E(\frac{n_A}{n})}{d\,t}.$$

$\frac{\partial E(\frac{n_a}{n})}{\partial t}\big|_{(\frac{n_A}{n}*)}$ Ableitung an der Stelle $\frac{n_A}{n}*$.

α Hilfsvariable, sie dient in den Kapiteln 4 und 5 zur Lösung einer kubischen Gleichung.

β Hilfsvariable, sie dient zur Lösung einer kubischen Gleichung

$\gamma, \gamma_1, \gamma_2$ Hilfsvariablen.

δ Hilfsvariable.

λ dient zur Kennzeichnung von Eigenwerten.

ρ bezeichnet in Kapitel 7 die Profitrate.

ζ ist ein Parameter.

A bezeichnet eine Matrix.

A, B, C Indices zur Kennzeichnung unterschiedlicher Güter.

a, b, c, d, f Parameter. Ein hochgestelltes ^{a} bedeutet „autonom".

$C_n^{n_c}$ Kombination ohne Wiederholung.

$cos\Phi$ kennzeichnet den Kosinus an der Stelle Φ.

E Erwartungswertoperator

$E(P|\tilde{n})$ Erwartungswert von P unter der Bedingung $\tilde{n}$.

$exp\,(.)$ Exponentialfunktion.

$\tilde{g}$ bezeichnet in Kapitel 7 den zufriedenstellenden Gewinn.

$\bar{g}$ kennzeichnet in Kapitel 7 den durchschnittlichen Gewinn.

$_i,\,_k$ Indices zur Kennzeichnung von Nachfragern.

^{i} dient zur des Kennzeichnung der Nachfrager, die nicht autonom entscheiden.

$j, \tilde{j}, \neg j$ Indices zur Kennzeichnung von Anbietern.

$J = \{1, 2, 3, ..., m\}$ Menge an Anbietern.

K' Kosten zur Produktion der letzten Einheit.

l Lernrate.

L_t Symbol für orbitale Abweichung.

M bezeichnet eine Matrix.

m Anzahl an Anbietern.

n_{iA} Häufigkeit, mit der Individuum i Gut A wählt.

$N = \{1, 2, 3, ...i,, ..., k, ..., n\}$ Menge von Nachfragern.

n Mächtigkeit der Menge der Nachfrager.

N^a kennzeichnet in Kapitel 5 und A die Menge an Meinungsführern oder Diffusionsagenten.

N^i kennzeichnet in Kapitel 5 und A die Menge des „passiven Publikums".

$n.$ Häufigkeit, mit der ein Gut nachgefragt wird.

$\binom{n_A}{v} = \frac{n_A!}{(n_A - v)! v!}$ Binomialkoeffizient.

$\mathbf{n} = (n_A^a, n_B^a, n_A^i, n_B^i)$.

n^a kennzeichnet in Kapitel 5 und Anhang A die Anzahl der Nachfrager, die autonom entscheiden.

n^i kennzeichnet in Kapitel 5 und Anhang A die Anzahl des „passiven Publikums".

n_A^a kennzeichnet in Kapitel 5 und Anhang A die Anzahl der Nachfrager, die Gut A nachfragen und autonom entscheiden.

n_A^i kennzeichnet in Kapitel 5 und Anhang A die Anzahl der Nachfrager, die Gut A nachfragen und nicht autonom entscheiden.

n_j bedeutet in Kapitel 7 die Anzahl der Nachfrager nach Gut A bei Anbieter j.

p Preis.

$\bar{p}$ Durchschnittspreis.

p_j kennzeichnet in Kapitel 7 den von Anbieter j gesetzten Preis.

$\pi(1, .)$ individuelle Übergangswahrscheinlichkeit. Im vorliegenden Fall gibt sie die Wahrscheinlichkeit an, mit der ein Individuum von Gut B zu Gut A (oder von Anbieter $\neg j$ zu Anbieter j) wechselt. Sie hängt nicht von der Bedingung ab, ob etwas wahrgenommen wurde oder nicht.

$\pi_A(1,.)$ bezeichnet in Kapitel 7 die Wahrscheinlichkeit, ein Gut der Produktkategorie A zu kaufen.

$\check{\pi}(1;.)$ individuelle Übergangswahrscheinlichkeit. Sie hängt von der Bedingung ab, ob etwas wahrgenommen wurde.

$$\tilde{\pi}(n_A + 1;.) = \check{\pi}(1;.)$$

$\hat{\pi}$ ist in Kapitel 6 eine individuelle Übergangswahrscheinlickeit. Sie dient zur Abbildung des Nachfrageverhaltens, das auf der Änderung der Inputs A und C beruht.

$pr(.)$ Wahrscheinlichkeit.

$pr(.|.)$ bedingte Wahrscheinlichkeit.

$$\bar{q} := \frac{n^a}{n}$$

q Wahrscheinlichkeit, daß sich ein Individuum autonom entscheidet (Kapitel 4).

R bezeichnet in Kapitel 2 eine Menge von Reaktionen

R_1 bezeichnet in Kapitel 2 Reaktion 1.

R_2 bezeichnet in Kapitel 2 Reaktion 2.

$$r_t := r_t^a + r_t^i$$

$$r_t^a := \frac{n_A^a}{n}$$

$$r_t^i := \frac{n_A^i}{n}$$

r_a^B; w_a^B bezeichnen in Kapitel 2 „Antwortwahrscheinlichkeiten".

S bezeichnet in Kapitel 2 eine Menge von Stimuli.

S_1 bezeichnet in Kapitel 2 Stimulus 1.

S_2 bezeichnet in Kapitel 2 Stimulus 2.

t dient zur Kennzeichnung eines Zeitpunktes.

U kennzeichnet in Kapitel 7 den Umsatz.

u gibt an, wieviel Nachfrager in t von einem Gut zu einem anderen wechseln.

V Lyapunovfunktion.

v gibt an, wieviel Nachfrager in t von einem Gut zu einem anderen wechseln.

$w[v,.]$ makroskopische Übergangswahrscheinlickeit.

$w^a[.,.]$ kennzeichnet in Kapitel 4 die makroskopische Übergangswahrscheinlichkeit derjenigen Population, die sich autonom entscheidet.

$w^i[.,.]$ kennzeichnet in Kapitel 4 die makroskopische Übergangswahrscheinlichkeit derjenigen Population, die sich nicht autonom entscheidet.

$\mathbf{x}$ ist ein Vektor und beinhaltet alle jene Größen von denen die individuelle Übergangswahrscheinlichkeit $\pi(.;\mathbf{x})$ abhängt (siehe Kapitel 2).

X_t kumulierter Output zum Zeitpunkt t.

$y, y_1, y_2, \tilde{u}, \tilde{v}$ Hilfsvariablen, sie dienen zur Lösung einer kubischen Gleichung.

y_A Anspruchsniveau des Unternehmens A oder einer Gruppe von Unternehmen A.

y_B Anspruchsniveau des Unternehmens B oder einer Gruppe von Unternehmen B.

y_C Anspruchsniveau des Unternehmens C oder einer Gruppe von Unternehmen C.

Z Parameter, er dient zu Normierungszwecken.

Wirtschaftswissenschaftliche Beiträge

Band 55: P.-U. Paulsen, Sichtweisen der Wechselkursbestimmung, VI/264 Seiten, 1991

Band 56: B. Sporn, Universitätskultur, IX/213 Seiten, 1992

Band 57: A. Vilks, Neoklassik, Gleichgewicht und Realität, IX/112 Seiten, 1991

Band 58: M. Erlei, Unvollkommene Märkte in der keynesianischen Theorie, XII/267 Seiten, 1991

Band 59: D. Ostrusska, Systemdynamik nichtlinearer Marktreaktionsmodelle, VII/178 Seiten, 1992

Band 60: G. Bol, G. Nakhaeizadeh, K.-H. Vollmer (Hrsg.), Ökonometrie und Monetärer Sektor, VII/238 Seiten, 1992

Band 61: S. Feuerstein, Studien zur Wechselkursunion, VIII/132 Seiten, 1992

Band 62: H. Fratzl, Ein- und mehrstufige Lagerhaltung, VIII/190 Seiten, 1992

Band 63: P. Heimerl-Wagner, Strategische Organisations-Entwicklung, VIII/231 Seiten, 1992

Band 64: G. Untiedt, Das Erwerbsverhalten verheirateter Frauen in der Bundesrepublik Deutschland, XVIII/197 Seiten, 1992

Band 65: R. Herden, Technologieorientierte Außenbeziehungen im betrieblichen Innovationsmanagement, XVIII/265 Seiten, 1992

Band 66: P. B. Spahn, H. P. Galler, H. Kaiser, T. Kassella, J. Merz, Mikrosimulation in der Steuerpolitik, XVI/279 Seiten, 1992

Band 67: M. Kessler, Internationaler Technologiewettbewerb, X/232 Seiten, 1992

Band 68: J. Hertel, Design mehrstufiger Warenwirtschaftssysteme, XIII/319 Seiten, 1992

Band 69: H. Grupp/U. Schmoch, Wissenschaftsbindung der Technik, XIII/152 Seiten, 1992

Band 70: H. Legler/H. Grupp/B. Gehrke/U. Schasse Innovationspotential und Hochtechnologie XV/164 Seiten, 1992

Band 71: R. Schmidt, Modelle der Informationsvermittlung, 320 Seiten, 1992

Band 72: M. Kaiser, Konsumorientierte Reform der Unternehmensbesteuerung, XI/412 Seiten, 1992

Band 73: K. Meier, Modellbildung bei Mehrfachzielen, XVI/251 Seiten, 1992

Band 74: J. Thiele, Kombination von Prognosen, X/135 Seiten, 1993

Band 75: W. Sesselmeier, Gewerkschaften und Lohnfindung, XII/222 Seiten, 1993

Band 76: R. Frensch, Produktdifferenzierung und Arbeitsteilung, VIII/176 Seiten, 1993

Band 77: K. Kraft, Arbeitsmarktflexibilität, X/186 Seiten, 1993